トゲウオのいるところ

▲トゲウオ類遡河型イトヨの雄。繁殖期
なると口先から腹面にかけて鮮やかに赤
なり、体側部は青色の婚姻色を呈する
（内山りゅう撮影）

◀私のフィールド。ここで20年以上トゲウ
の観察をしている。世界中でもっとも好
な場所の一つ（第一章扉参照）

▲1981年9月、トゲウオ類最南限の河
の湧水地で泳ぐ当年生まれのハリヨ。現
この生息地は埋め立てられてしまった（p.
参照）

◀トゲウオの棲む場所、自噴する湧水の
き出し口。かつてはどこにでもあった湧水
今急速に消滅している（p.15参照）

水面下で繰り広げられるドラマ
ートゲウオの世界を覗き見る

ハリヨの求愛雄(左)と上向姿勢を示す
卵雌(右)(内山りゅう撮影、p.92参照)

巣の中の卵にファンニングするハリヨの雄。
は仔が巣離れするまで付きっきりで世話
する（徳田幸憲撮影、p.94参照）

ナワバリに入った他の雄をくわえて追い
すハリヨの雄（内山りゅう撮影、p.21参照）

▼雌が巣に入ろうとしている。雄が雌を押している？
（徳田幸憲撮影）

◀卵泥棒。巣の持ち主が巣から離れた隙を狙って巣に頭を突っ込む（写真中央の個体）（徳田幸憲撮影、p.96参照）

▲トゲウオ類にはいわゆる鱗がない。体側に「鱗板」（赤く染まっている部分）が一列に並んでいる（p.87参照）

▲鏡の自分に逆立ちして威嚇する雄（第五章扉参照）

◀観察のために巣の脇にさしたナンバー棒（53番と奥に6番が見える）。いわば番地を示す標識だ

2001年7月に開設された「本願清水イトヨの里」。地域環境保全のセンターとしての役割も担う(p.207)

▲わずかに残されたハリヨ生息地「ハリヨの里あれじ」。地元の方々が熱心に維持管理をされている(p.188参照)

▲その地域で様々な立場の人と意見交換を通じて合意形成を試みること、それが自然への配慮事業の最初の作業となる(p.200参照)

保護のために

ハリヨの生息する湧水湿地は人間にとって無意味と映るらしい。この生息地でも埋め立てが始まっている(写真奥)(p.204参照)

トゲウオ、出会いのエソロジー

行動学から社会学へ

森　誠一
Seiichi Mori

地人書館

序文――「面白うて、やがて悲しき……」

愛媛大学名誉教授　水野信彦

とても面白い。それが私の率直な感想だ。特に、若い研究者や学生の方に、ぜひ読んでもらいたい。研究というものの楽しさや辛さなどが極めて率直に描かれている。もちろん、トゲウオの生態とそれの解明されていく過程が生き生きと記された本書は、一般の方々にも興味深いに違いないと思う。ひょっとすると、この本につられてしまって、この分野に入り込んでしまう人たちもいるのではあるまいか。その意味においては、罪作りな本であるかもしれない。でも、そういう楽しく魅力的な手引書の少ないわが国の事情を考えれば、むしろこのくらい「毒気」のあるほうがいいように思う。

森さんは、幼い頃の川遊びで出会ったトゲウオに魅入られて研究者となり、ほとんどトゲウオ一筋といってよいほど、この魚の研究に取り組んでこられた。その森さんが、これまでの様々な出会いを通した研究人生のまとめとして本書を著した。ようやく研究人生半分の森さんにとっては、これは総まとめというより仮まとめというべきだろう。学問的な総説としてでなく、森さん自身の好奇心や興味本位で様々な話が進行している。それゆえに読者は、彼の個性に触れるようにして共感を得ながら、それに引きずられるようにして読了してしまう。むしろ、そこにこそ、生きた学問といえるものがあるのかもしれない。

森さんの研究は、文字通りの徹底的な観察、ひたすら見続ける忍耐を積み重ねて、トゲウオという魚の全体像を解明されてきた。「彼らはサカナか?」（本文より）と思わせるような繁殖行動をはじめとする個体間関係の有り様は、我々を驚かすに十分である。また、個体間関係からなる社会構造を、数編の映画を例にしながら、その登場人物間の関係に当てはめるという本書の試みにはびっくりした。こういうまったく異質の分野と関係づけるアイディアが、科学の展開には必要なことなのかもしれない。そのためか、全体を通してみると、いささか内容を盛り込み過ぎで未整理の感もあるが、それこそが常に前に向かっていく森さんの熱意とやる気の現れと、とれなくもない。

そのうえで、このちっぽけでなんの役にも立たないと思われがちな魚と、それをはぐくんできた日本の自然の豊かさというものを、改めて考えさせられた。しかし、言い尽くされていることかもしれないが、日本の自然は急速に衰退しつつあり、トゲウオの生息環境も劣化した結果、彼らも減少の一途をたどっている。たとえば、適した営巣地の減少によって垂直な岸面に営巣せねばならないといった「高層住宅事情」をみると、トゲウオの切ない喘ぎ声が聞こえてくるようだ。これまで森さんは一貫して、その喘ぎに何とか応えようとしてきた。その研究成果を地域環境の保全活動に応用し、その活動経験を積み重ねることによって、紋切り型や夢物語ではない現実的な方法を、数多く実践・提案してきたのである。こうした地域と生き物たちの実態に即した研究者像を、私はぜひ多くの方々に知って頂きたい。

最後に繰り返しにもなるが、本書で一番感じたのは自然を観察することの面白さである。私も、かつてのように川べりで座禅を組むようにして、じっと川面を見つめてみようか、そんな気持ちになってきた。とにかく何かアクションを起こしたくなる本である。そうして、「面白うて、やがて悲しき……」が、最後の最後には、どうぞ「喜ばしく」なりますように……。

トゲウオ、出会いのエソロジー

行動学から社会学へ

目次

はじめに――〝はりんこ〟の目から

どうやら人生というものには、いくつかの特別で貴重な出会いというものがあるらしい。この出会いというものは、その個人にとってはその対象が何であれ、他人が何と言おうと、またどのように見ていようとも、あるこだわりをもった出会いがあるようだ。それは多分、誰にでもある。私にとってのその一つは、〝はりんこ〟という小さなトゲウオ科の淡水魚との〝出会い〟である。

本書の最初で私は、この〝はりんこ〟との個人的な〝出会い〟を思い出風に語ろうと思う。それは現在の私という一つの自己の有様を説明する、曖昧だが、もっとも端的ないくつかの理由を示している。だから、この部分は個人史ともなっており、読み飛ばしていただいても結構な箇所であるかもしれないが、またいっぽうで、ある人にとってはもっとも面白味を感じるところかもしれない。

このトゲのある魚〝はりんこ〟と私との初めての〝出会い〟は、もう三〇年も前にさかのぼる。この〝はりんこ〟というのは、現在、岐阜県の西美濃地方と滋賀県の琵琶湖東部の近江盆地に分布する湧水域にだけ生息する、巣を作って子を育てる小さな淡水魚のことである。正式な和名はハリヨというのであるが、西美濃地方では昔から〝はりんこ〟と呼ばれてきた。私はこの愛称をとても気に入っている。地方名として地域文化の一表現として培われてきた歴史性の重みによるばかりでなく、〝はりんこ〟とは単純に可愛いではないか。そう思うのは私だけだろうか？　私はこの名をずっと大事に保存して、積極的に使っていきたいと思っている。なぜかしら、地域環境のみならず、地域文化をも守っている気持ちにもなるからだ。近江地方では〝はりきん〟などと言われてきた。また、この〝はりんこ〟という愛称は北陸地方の一部で、近縁の種であるトミヨに対しても用いられている。いずれにしても、「針をもった小さい雑魚」という意味合いである。かつて鯉・鮒や鰻の捕獲の邪魔になるほど多くが棲息していたころは、食用にもならない役に立たない外道として、「この〝はりんこ〟の野郎が」といった厄介物の感じでそこら辺に投げ捨てられていたに違いない。

しかし、現在はその、いわば方言名は使われなくなっている。使おうにも、それを使う機会が皆無の状態になっているからである。つまり、これは不幸なことに地元の方々が、かつてのように容易には、見たり触れたりすることができないほどに減少しているということを表している。その〝はりんこ〟を中心に、私はさまざまな角度から研究をしてきた。たとえば、研究の中心としてきたエソロジー（動物行動学）と生態学に加えて形態学的な研究を中心に、あるいは進化学的および保全生態学的なアプローチとして遺伝学的手法を取り入れたりして、トゲウオの仲間たちを扱ってきた。研究者仲間から、「まだ、それやっているの」と怪訝な顔をされるようになってからも久しく年月が経っている。

本書では、〝はりんこ〟の仲間を総称するトゲウオの分布や生態、生活史を概観し、次いで、特に繁殖期の雄同士や雌雄間に認められる個体間の関係を詳しく紹介する。さらに、こうした私自身の研究成果をもとにしながら、雄と雌における〝出会い〟の変奏を通して、エソロジーの古くて未解決の問題に焦点を当ててみたい。それは行動学の枠組みから少しばかり、はみ出した社会学的な要素を含んだ位置づけとなっていると、私は考えている。

最後の章では、実際の調査における体験を述べた。野外で悪戦苦闘している研究者の生態にも興味をもっていただければ幸いである。

全体的に脈打たせたいストーリーの骨格は、少し堅めに言えば、さまざまな状況における〝出会い〟から生じる face to face の個体間関係の論理を、〝はりんこ〟という眼鏡を通してエソロジー的に解釈することである。つまり、その解釈は、彼らハリヨが変異に満ちた個体として好き勝手に振る舞っているのでは決してなくて、個性ある個体同士の〝出会い〟を通して個体間の関係が形成され、それが社会として構造化されていくメカニズムとその機能の分析を目的としている。ここしばらくの間、私はこのテーマを中心課題として、動物の行動や社会現象を扱いたいと考えている。

第一章

“はりんこ”との出会い

私のフィールド．世界中でもっとも好きな場所の一つだ．左奥から順に空，山，扇状地，集落，湧水による湿地，河川が見える

一、初めの〝出会い〟

ある契機――川の中から

川面に顔を映しながら、私は不自然な格好で水の世界を覗いていた。水面の下に広がる生物の別世界は、私にとって一番の関心事であった。私は偏光グラスをかけ、時計とカウンターを首にぶら下げながら、右手に鉛筆、左手に記録紙を挟んだ画板をもって、川の中に入ったり、岸辺に座り込んだりしていた。こうした野外調査ではいつも私は、鍔を後ろにして帽子を被り、手拭き用のタオルを首に巻いて厚手の胴長靴を履いている。そういった出立ちも様になり、数年の歳月が経とうとしていた。

もうお昼ころだろうか。影が短くなってきた。ヨシキリがときどき鳴いている。ヘビが対岸に向かって飛び込んだのか、コイが跳ねたのか、ときおりバシャリと音がする。不規則にガサッ、ガサッとヨシの葉を叩く音がする。ヌートリアかイタチか、何の仕業か。

さっきから向こう岸に沿った小道には、人影が私の前面で左右に行ったり来たりしている。走っていく子供や自転車の音がしたり、また犬が吠えたりしている。誰かがじっとこちらを見ているような気配も感じる。しかし、私はうつむいたまま顔を上げることはできない。腿まで水に浸かり、腰を垂直に曲げ、顔を水面に付けるようにして、もう一時間を超えようとしていた。手が届きそうなやや斜め下の視野の中で、繰り広げられる魚たちの世界を観察することに没頭していた。脇を締め、手首から先の右手だけをくねらせるようにして、鉛筆を動かし記録をとった。ときどき前髪が水に濡れる。水面スレスレを風に乗って飛んでくる砂粒が目に入っても、手で拭えず涙を出すことしかできない。彼らの行動に少しでも影響を与えてはいけないからだ。

五月晴れの陽気のいい日ではあったが、先ほどから、体には震えがきていた。水中の足から体の芯を通して、寒気が昇ってくる。水温は一五度だが、腰から上は直射日光が当たり容易に二五度を超える。この温度差は体にこたえる。夏になると、なおさら温度差は大きくなり、体調を崩すもとになる。これではまた、今年の冬も雨の日には足にしびれがくるなあと観念しながらも、水中の世界から目をそらせることはできないでいた。そうして数時間、山並の東斜面はいつものように急速に陰ってきた。私は川べりに張っていたテントに向かった。遅い昼食の菓子パンを噛じるために。

一九八四年、春のことである。

川を挟んで――「刷り込み」形成

小学校の高学年になったころの私は、晩春の少し動けば汗ばむような陽気になると、友達とよく川へ魚採りに行ったものだった。休みのほとんどは、いつもの同級の行雄君や正義君らと自転車に釣り竿や手網をくくり付けて川へ行き、終日、釣糸を垂れたり、半ズボンを濡らしてゴソゴソと岸辺を網でまさぐるのだった。

私の育った町は県境にあった。当時、私たちの県のグループと隣県のグループとは、川を挟んでナワバリ争いをしていた。それも川で出会ったときにだけ生じる関係で、もちろん恒常的なものではなかった。また、グループといっても、何も決まった人数と顔触れがあるわけでもなく、場所や時間に応じていろいろ変動していた。ただ、こっちは行雄君と私で、あっちはユージ君という多分一、二歳年長の少年が仕切っていることだけは決まっていた。多くの場合、私たちが数人で隣県に侵入し、そこの緩やかで広く明るい平地の川で魚釣りをしたり、岸辺につないである舟を勝手に出して川遊びをするというものだった。また、秋には刈入れ後の藁積みを壊して、〝家〟を作るという悪さをし、持ち主に見つかり追いかけ回されたりした。

ある時、山麓寄りの県境の川で魚を釣っていると、バッシャ、バッシャ、と連続して水が撥ねた。水面から目線を離してやや上を向くと、対岸からこっちに向かって石を投げているユージ君たち数人の姿が見えた。釣りの邪魔をされたわけだ。相手陣地に侵入していないのに。

それからは、相手に水しぶきをかけようとして、川を挟んでの石の投げ合いが始まった。決して人に投げつけるのではなく、互いに対岸すれすれに石を投げ水しぶきをかけようとするものだった。たまに、向こう岸の土手に直接に石が飛んだりしたものなら、バッキャッローと罵声が飛んでくる。投げたほうも、やばかったと思ったりして、石投げのコントロールに慎重になったりするのだった。ときどき、ボッチャーンと大きく低い音がする。どこかから探してきた両手でないと投げられないほどの大きな石の水音であった。音の割にダメージが小さかったのであるが。それらはたいてい、土堤を支えるための石や、水路の板を留める石であり水田に用いられていたものだった。

それ以後、その山沿いの川（写真1）へいく度に、ユージ君たちは現れて何これとなく私たちの川遊びを邪魔するのだった。

後で考えてみると、その日、えらくユージ君らがしつこく、しかも、先手を打ってきたことに合点がいか

写真1　世界のトゲウオ科分布の最南限地に相当する河川にあった20年前の湧水地．現在，ここはまったく改変され，湧水もなくハリヨもいない．私は，この川で初めて“はりんこ”と出会った

なかった。行雄君にも相談した。彼は、「ユージたちは何か隠しとんのとちゃうか」と別に気に留めるという風でもなく言い放った。それに対し私は、「そうやな、そうかもしれんな」と真面目に頷くようにして相づちをした。

それから、しばらくしてからの土曜日の夕方近くのことだった。「せいちゃん、せいちゃん」と私の呼び名を連呼しながら、友達の行雄君が家に駆け込んできた。変な魚を採ってきたというのである。その日、山沿いの川の対岸に遠征してきた彼は、敵中突破をして獲物を得てきたのだ。

その十匹ほどの魚はいずれも小さくて、背と腹に目立つトゲがあった。コイのような鱗はどうもないらしい。体に不規則な黒い模様があったが、鈍い色ではなく全体に銀色の光沢があった。さっそく、図鑑（中村守純著『淡水魚類検索図鑑』）で調べてみるとトゲウオの仲間で、分布域の記述からするとハリヨという名の魚であることがわかった。そこには、絶滅に瀕しているともすでに記されていた。

　これかあ、ユージたちが隠しとったんは、と私は心中でつぶやいた。

　彼が採ってきたそのハリヨたちは、家のプラスチック水槽で飼ったが、四日か五日たらずでみんな死んでしまった。少し経ってから、水温の上昇のせいであるとわかった。それまでの私たちは、まず大物を採ることが第一の目当てで、その次に初めてか、まれに見る魚の価値が高いというものだった。尺を超える鯉や色鮮やかなタナゴ類だ。しかし、そのトゲのある魚は、それらとはまったく違っていた。魚とは別の何かだったのだ。少なくとも私にはエイリアンであった。小学校の四年生か五年生の夏だった。

　この〝出会い〟は私がいま覚えている記憶のなかで、初めて心に残ったできごとである。このことは脳裏に深く刷り込まれ、現在にいたるまで、何がしかの影響を私に与えることになった。

小さな水槽と一冊の本

　その初めての出会いから三、四年ほど、夏の初めだけハリヨの飼育を繰り返していた。そうして、ことごとく死に至らしめていた。今ではこんなことは許されない。もし、本当に魚が好きだとしたら、単なる一時の自己満足のために、こんなに無責任にも殺してしまうことはだめだ。中学生になっていた私は、明確にそう意識していたわけではなかったが、この〝魚殺し〟に飽き始めていた。

　そんなある日、学校から帰って何をするともなく過ごしていると、父が水槽二個を自転車の荷台に積んで帰ってきた。近くの養魚場で安く買ってきたという。ステンレス枠の長辺三〇センチ位の小さなガラス製であった。それまでの私の水槽はプラスチック製のもので、側面はすでにもう擦れて曇っていた。

私はさっそく、庭の土を何度も洗い、新しくやってきた水槽の底に深さ四センチほどに敷いた。水を入れ、澄むまでに三、四日ほどかかっただろうか。この二つの水槽は南向きの窓際に並べて置いた。それはもう、かなり得意なものだった。ガラス製の水槽は学校の理科室でしか目にしたことがなかったから、とても重みを感じたものだった。しばらくの間、その水槽にはフサモやエビモ、コカナダモといった水草しか入っていなかった。これは水槽の水を馴らすという意味もあったが、魚を飼う意欲が薄くなりかけていたからでもあった。ただ、ガラスの水槽というだけで飾り物のように扱っていた。

そんなおり、父と百貨店へ寄ったさいに、その七階にあった書店で手に取ったニコ＝ティンバーゲン著『動物の行動』（タイムライフ社刊）は、私にとってハリヨの存在価値を一挙に高めることになった。店頭でパラパラとページをめくって立ち読みをしていると、そこにはトゲウオの仲間であるイトヨの驚くべき繁殖行動が図示されていた（図1）。なんと、婚姻色（繁殖期の雄に現れる色）が現れたイトヨの雄はナワバリをもち巣を作る。それが完成すると雌を誘い入れて産卵させ、その後は雄が卵を育てるというのである。ティンバーゲンは、ハリヨが属するイトヨ属の行動の研究者であることも、この本で初めて知った。

こんな面白い行動をして子孫を残している魚がいるなんて。このことは姿が酷似した同類のハリヨも同じような行動をとるだろう、と即座に推察された。さっそく、自宅のガラス水槽でハリヨを観察したことは言うまでもない。そして、ハリヨたちがティンバーゲンの本とまったく同じ行動を繰り広げたことには仰天した。たとえば、産卵をうながすサイン刺激として、巣に入った雌の下腹に小刻みな振動を与えるというよう

る（⑪）.

約１週間ぐらいたって孵化すると，雄は婚姻色が薄くなり仔魚の世話をする（⑫）．もし仔魚が巣外へ出てしまうと，父親になったイトヨは，迷い子を口の中に拾い上げ，巣へ運んできて吐き出す．

（図版は『ライフネーチュアライブラリー 動物の行動』（タイムライフブックス刊，日本語版p. 72-73，1973年）より．解説文は日本語版を一部改変）

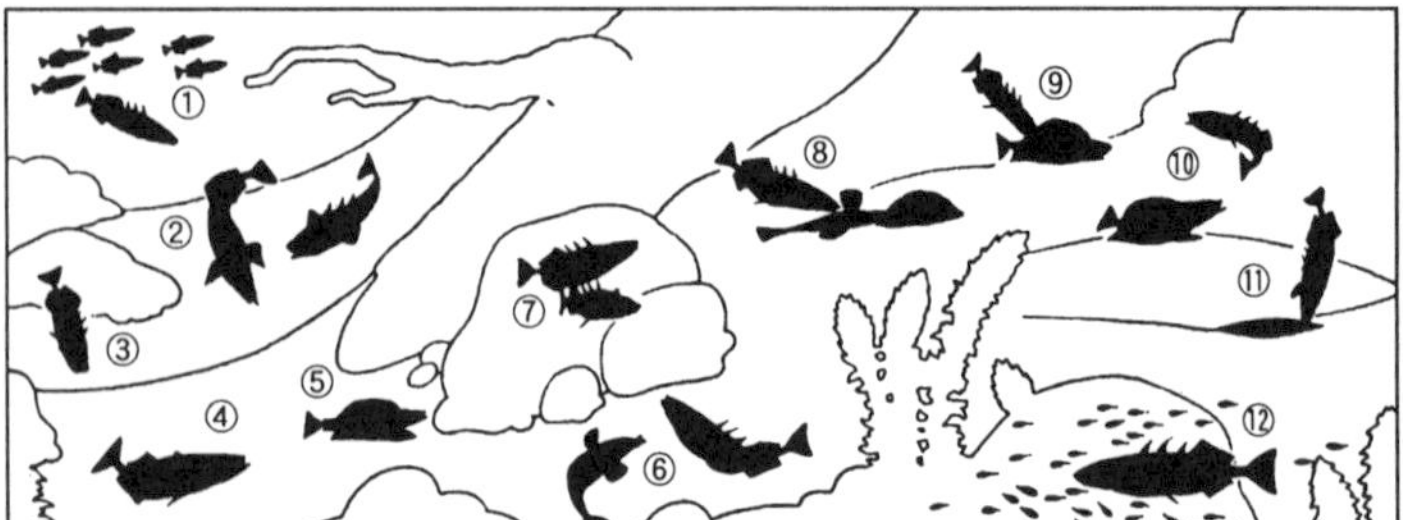

図1 『動物の行動』のイトヨの繁殖行動（Tinbergen, 1963）

繁殖行動は，13ページ左上から右方向に，丸囲み数字の順に示されている．

左上端にいる雄イトヨ①は，まだ冬の保護色をしているが，やがて自分のナワバリをつくるために，雄と雌とがいっしょになっている群れから離れ，婚姻色が現れるにつれて，次第に攻撃的になっていく．その防衛方法にはいろいろなものがあるが，この図に示されているのは威嚇の姿勢②である．この姿勢は敵に赤い腹を見せることによって，攻撃するぞという信号刺激の役割を果たしている．こうして自分のナワバリをはっきり確保すると，雄は巣をつくり始める．まず，浅い凹地をつくって中をきれいに掃除する（③）．それから藻の繊維や雑草の切れ端などの巣の材料を集めてきて凹地の中に置いていく．この後，腎臓から分泌される粘液で巣をくっつけ（④），この作業が終わると，次にトンネル状になった巣の中をくぐり抜ける（⑤）．この頃雄はすでに体色にも変化が生じ，配偶者を迎える準備がすっかりできあがっている．

卵で大きく膨れた雌の腹の形に刺激されて，雄は雌の前で求愛のジグザグ・ダンスを始める（⑥）．ときどき，雄はダンスをしながら雌の下にもぐり込み，自分のトゲで雌の腹をこする（⑦）．雌が頭を上げてその求愛に応ずる信号を送ると，雄は雌を巣へ導いてゆき，からだを横にして口先で，雌に巣の入り口を示す（⑧）．雌が中に入ると，雄は口先で雌の下腹部から尾の基部をつついて，産卵を促す（⑨）．産卵が終わって雌が巣から出ると，今度は雄が直ちに巣の中に入り，卵に放精する（⑩）．雄はふつう，数匹の雌とこのような繁殖行為を行ったのち，巣の中の卵に新鮮な水を送り始めに、一つ一つの行動に意味があるのを知って驚いた。当時の私には、この驚きは単に面白いからという程度であった。ただ、動物の行動への興味が、深く根付いたことは疑いない。

ある種の行動が〝動物のことば〟として種ごとに特有に働き、個体間に一定の関係を成立させていることに感銘を受けた。このことは私にとって、新しいモノの見方の始まりとなった。こうした類いの感銘を受けることは、もはやないだろう。少年だからこその憧憬から、抱くことのできる思いだろうからだ。

いずれにしても、この父からの水槽とティンバーゲンの本との〝出会い〟は、私の研究にとってだけでなく、その後のものの見方に対しての根幹を形成するものとなったことには違いない。二つの水槽のうち一つはガラスの一面が割れてしまったが、もう一つの水槽は今も枠がやや錆つきながらも自室の一角を小さく占めているし、書棚には思わず買ってしまった大判タイプを含め五冊の『動物の行動』が並んでいる。

湧き水の風景

ボコポコ、ボコボコポコ、ボコと不規則に砂粒を巻き上げながら、底から水が湧いてくる（写真2）。この山に降った雨は浸透して、扇状地を伏流する。地下を通った水は濾過され、水温は一定に保たれて、麓でふたたび地上に現れる。湧き出た水は小さな池を作る。

その池にはいくつもの小さい湧き口が点在して、砂粒を周囲に軽やかに舞い上げている。キンギョモやセキショウモが優しく揺らめいて、水中に入る光線を明るい緑にして反射する。その反射光の中をヨコエビやトビケラがピョコピョコと横切る。いっぽうの岸から対岸の抽水植物の茎が見え、視神経が遠近感を整えるのに時間がかかる。きっと魚たちも同じに違いない。透明で清楚な世界では、すべてがお見通しだ。

湧水はこの西美濃地方における人類の歴史をも多く物語る。すなわち、縄文の昔、湧水が豊富なこの場所に出会って、人は真っ先にここに定着したのである。以来、飲む水として、用水として、洗い場として、あるいはまた心が安らぐ自然環境として活用してきたのである。湧水は大地からの大きな恵みである。その恩恵を一身に浴びて生活しているのがハリヨである。彼らは人類の定着よりずっとずっと早い時期に、この地で生活してきたわけであり、歴史的にも年季が入っているというものだ。つまり、ハリヨが棲んでいるところに、人は住み始めたのである。

この、人も住みたい場所に初めてやってきて、もう二〇年以上にもなる(本章の扉写真)。ここにある湧水池との〝出会い〟は、私がもっとも大事にしているできごとの一つだ。ここで毎季節ごとに繰り広げられる

写真2　湧水の湧き出し口．かつては西美濃地方には数千もの，こうした自噴水があったという

風景こそが、私にとってかけがえのない大切な価値観の基盤となる結晶である。この池にすべてがあり、ここからすべてが始まる。

湧水の世界には、私の心象を引き寄せる多くの事物がある。湧き出る清冽な水は言うまでもなく、湧き口で舞い上がる砂粒、底に沈む礫石に付着していく藻の成長、一方向にゆれ動く水草、一見無軌道に泳ぎ回る魚たちの群れ、ときどき池にポチャリと鋭く急降下するカワセミ。それらの自然の現象は私個人の観察や思い入れによって、私という実体を通して人類の意識下に入る。なるほど、この〝出会い〟は個人的なものではある。しかし自明ながら、そうした事物は私のために存在しているわけではない。だが、少々大げさに言えば、私が存在しなければ、それらは人類に認知され得ない事柄である。

湧水とともに展開されるさまざまな現象は、人類の歴史と深く関わって、それに関わる人々の間で共通の意識や心象を、意識するしないにせよ、培ってきたはずである。それは町中のそこかしこで湧水が湧き出て水路が巡っていた、たとえば「水都」や「水郷」という形で。ただ、それは今のところ、低迷していると言わねばならない。ここでは、この湧水との〝出会い〟が、私という実体を通して問い直されることによって、いま少し踏み込んだより普遍的なできごととなることを望むばかりである。

二、はりんこ学入門

“はりんこ”の仲間たち

ハリヨはトゲウオ科イトヨ属の種である。世界には大きく分けて五種類のトゲウオがおり、北アメリカやヨーロッパ、ロシアの広い範囲の沿岸域や平地を中心に生息している（30ページ図8参照）。形態的な特徴としてトゲをもち、鱗の一種である鱗板が体側部に一列だけ並ぶ。いずれの種も、巣をつくって繁殖する習性をもっている。この仲間は水産的にほとんど無価値なので、わが国ではその存在すらあまり知られていないが、実はサケ科魚類と並んで北半球に優占的に分布している魚族なのである。特に、イトヨ属とトミヨ属は北半球全域に分布域をもっている仲間である。

イトヨ属は大きく区分してイトヨとハリヨが、また巣を水底から離して水草の茎に作るトミヨ属にはトミヨ、イバラトミヨ、エゾトミヨの三種がいる（図2）。トミヨの亜種としてかつて京都府と兵庫県に生息していたミナミトミヨは、数十年ほど前にこの世から去った。絶滅したのである。また、保護活動で知られる埼玉県のムサシトミヨは別種として扱うべきであるが、現在はトミヨの一亜種とされている。

いっぽう、北米大陸の一部には、背トゲが五本のアペルテスというトゲウオがいる。これはおもにカナダとアメリカ北部の東岸周辺に分布している。多くは汽水域やラグーン（潟）の藻場に生息する。背トゲ数の範囲は三〜六本で、たいてい最初の背トゲが特に大きい。この営巣はちょっと変わっている（変わっているといっても、私がイトヨやトミヨの巣を見慣れているからに過ぎないが）。彼らはセキショウモのような水草

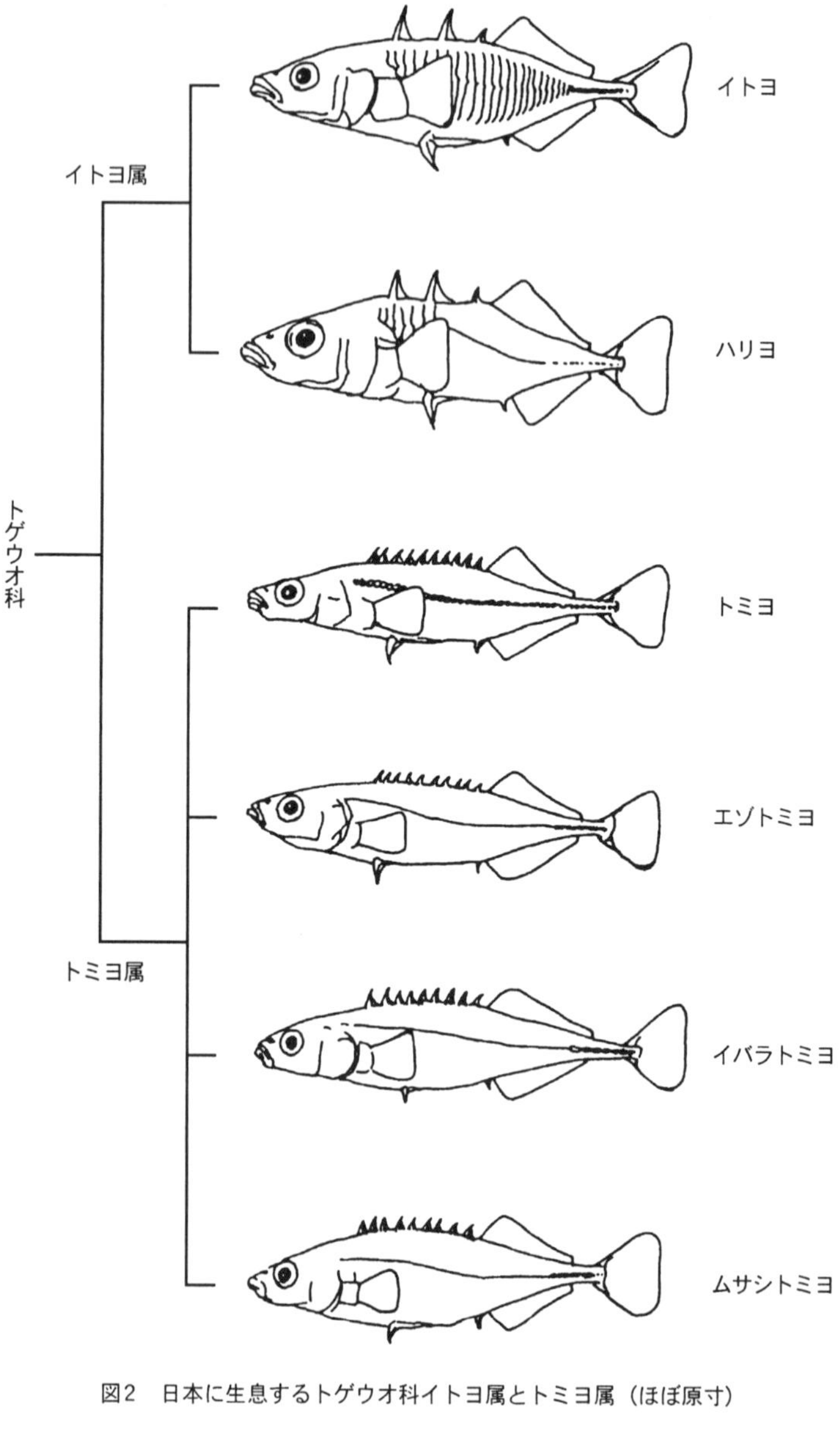

図2　日本に生息するトゲウオ科イトヨ属とトミヨ属（ほぼ原寸）

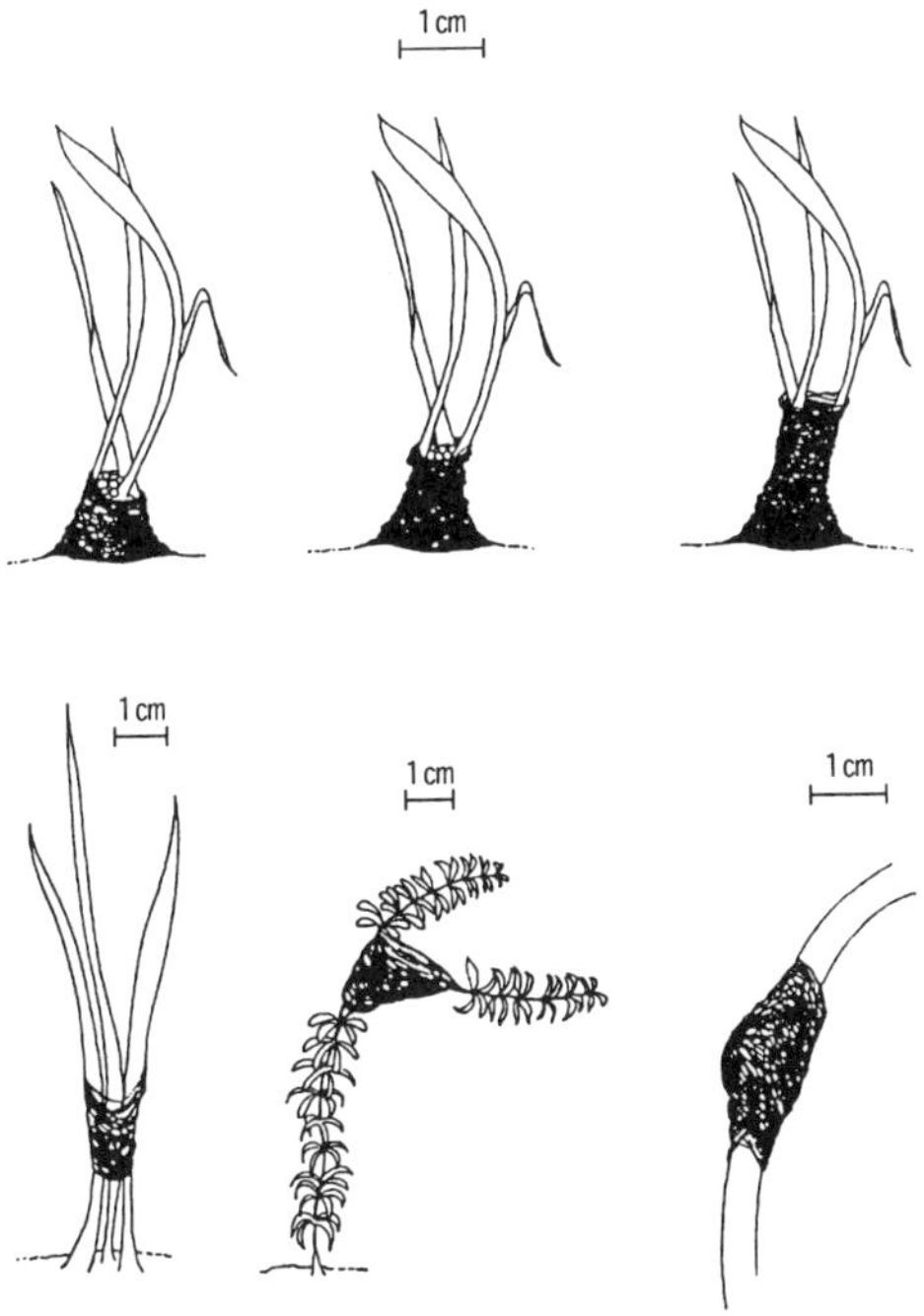

図3　アペルテスの巣．イトヨ属とトミヨ属の中間的な位置に営巣する．上段の左から順に，最初の卵が入ったばかりの巣，2回目，3回目の産卵後の巣．卵の量が増加していくにつれて巣も大きくなっている．下3図は巣が底から離れたバリエーション（Rowland，1974）

の葉を三、四本束ねて、水底から離れて巣を作る（図3）。底から離れて水草に巣を作る点はトミヨに似ているが、アシ類のような硬い茎ではなく、柔らかい葉を集めて巣床を固定する点が異なっている。ほとんど底に付いているような巣もあるようだが、葉を束ねることには変わりがないらしい。しかも、驚いたことに、複数の巣を同時に作り、すべてにではないがいくつかの巣で配偶産卵し育児をおこなう。これは他のトゲウオの仲間には見られない特徴である。同時にいくつもの巣をつくって品ぞろえを多くし、雌に好みの巣を選んでもらおうという雄の魂胆かもしれない。また、これは外敵に対する〝防衛戦略〟とも考えられる。ある巣が環境変動や大きい他種の遊泳や捕食によって消失しても、残りの巣があることは常に雌と配偶できる状態にあることになる。それにしても、このように別荘をいくつも持つには多大のエネルギーが必要であろうが、たとえば体のサイズが大きいと巣の数も多くなるという相関があるかどうかはわかってはいない。

また、クラエアというトゲウオが、カナディアンロッキー山脈から東部、五大湖周辺に分布している。その分布域は他のトゲウオとは異なって、沿岸域でなく内陸性である。広い範囲でイバラトミヨと同所的に藻場を中心に生息している。背トゲは四〜六本あり、鱗板はとても小さいので注意しないとわからない。成魚の体長は五センチくらいで、ハリヨと変わらない。

スピナキアというトゲウオの生活は一風変わっている。これは淡水生活をしない海トゲウオなのである。産卵場所も河口の汽水域であったり、沿岸域であったりする。フランス、イギリスからノルウェーにかけてのヨーロッパ北西岸部に限られて分布しているが、それはおそらく、トゲウオ科全体の祖先にもっとも近い生活形態であろうと思われる。もっともスレンダーなトゲウオで、体長は十センチくらいになり、トゲウオ類で最大の大きさである。細かい鱗板が体側部に並ぶ。ふつう一五本の小さい背トゲがあり、トゲの数はいちばん多い。径八センチにもなる巣を水底につくる。残念ながら、トゲウオ科全体の系統的元締めになるであろう本種の生活はあまり知られていない。

写真3　ナワバリに入った他の雄をくわえて追い出す雄（内山りゅう撮影）

生活史案内

現在、ハリヨの天然分布は岐阜県と滋賀県だけに限られており、また食用や釣りの対象となっているわけでもないので、一般にはなじみのない非常にマイナーな魚といえる。しかも、成魚でも体長が五センチと小さい。

しかし、この魚は行動習性にとても興味深い特徴を持っている。たとえば、繁殖期になると、雄は口先から鰓蓋、腹面にかけてが赤く、かつ体側部が鮮やかな青色になる。そうした婚姻色を帯びた雄はナワバリ（テリトリー）を形成しつつ、水底に巣を作る（写真3）。そこに雌を誘導し産卵をさせる。このナワバリの形成と巣の完成から卵が孵化するにいたるまで、言い換えれば繁殖に成功するまでにおよそ一八日から二十数日を要する。その間、雄はずっとナワバリを維持しながら、卵・仔魚を守り続ける。こうした営巣と育児を一生の間に二、三回繰り返す。

いっぽう、雌は産卵するだけで、営巣にも育児にも一向に関与しない。要するに、雌は卵を産みっ放しで、後はふたたび卵をもつためにもっぱら餌を食べるのみである。しかし、これは無理もないと言わなければならない。なぜなら、一年と数カ月しか生きられない多くのハリヨにとって、卵をはらみ産卵するということには多大のエネルギーを必要とする大事業であるからだ。生まれた翌年の短い春にのみ、繁殖の勝負がかかっている。そこで、ナワバリの形成、家づくり、子育てのすべては、雄の役割ということになっている。つまり、雄も雌も彼らなりに子を残すために精一杯の努力をしているのである。

先に、一個体が同時に複数営巣するのは北米のアペルテスだけであると述べたが、実は、私は互いに二〇センチほど離れた二つの巣を同時に営んでいるハリヨ一個体を見つけたことがある（図4）。発見後、巣がなくなるまでの数日間、毎日三時間ほど観察した。この時は巣作りだけで、双方とも卵は入らなかったが、雌が入り口まで来て巣に入ろうとするまでの配偶行動を観察した。雄は二つの巣の間をほぼ交互にせわしなく動いて、巣材を運んだり粘着したりしていた。これまでに私が観察した数多くのトゲウオの営巣活動の中で、複数営巣はこの一例だけだった。

ハリヨという魚の生活は大ざっぱに言えば以上のようだが、むろん話のクライマックスやキー・ポイントはこれから述べるようにいくつもある。皆さんにも、私がけなげと思い入れしているこの小魚との〝出会い〟を通して、生き物たちの多様で予測困難な生活や行動と、それをエソロジカルな視点で見てみる面白さを感じとっていただければありがたい。また、まんざら捨てたものではない日本の自然の濃さの再認識と、残念ながら減少の一途をたどっている生息環境の現状を改めて知っていただければ幸いである。

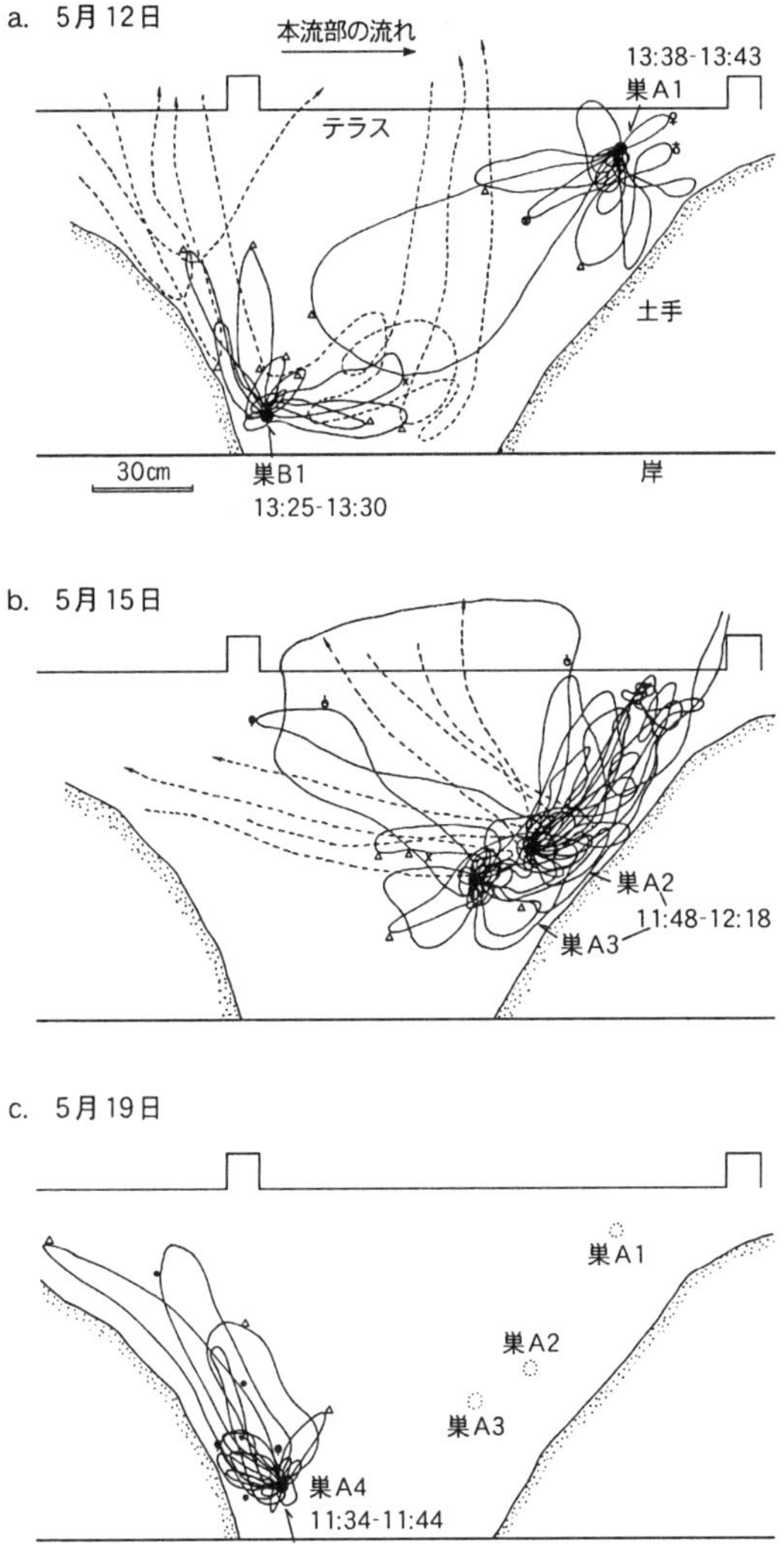

図4　ハリヨで観察された複巣行動の泳跡図．アルファベットは個体識別を示す．アルファベットの右の数字は営巣順に場所を示す．a：5月12日，雄Aと雄Bが営巣し始めた．b：5月15日，雄Aは別の場所に移動して二つの巣を同時に作り始めた．雄Bは別の場所へ移動した．c：5月19日，雄Aは雄Bの巣跡とほぼ同じ場所の1カ所で営巣を始めた（Mori，1987を改変）

トゲの話

この魚は形態的にも特徴のある姿・形をしている。背に垂直に立つ三本のトゲをもち、腹部には真横に突き出す一対のトゲをもっている。さらに、尻びれの前に小さなトゲが一本付いている。これらのトゲは根元がちょうつがいのようになっていて、普段は畳んでいる。そしてケンカしたり雌を誘ったりするときに、トゲがエレクトする（立つ）。英名では threespine stickleback である。three は「三」、spine は「トゲ」、stickle は「付く」で、back は「背」であり、すなわち、「背に三本のトゲを付けた」魚ということになる。見たままが名となっている。まさに、名は体を表している典型だ。九本のトゲをもつ近縁のトミヨは、言わずとご察しできよう英名（ninespine stickleback）になる。

もっとも、トゲのある魚は珍しいものではない。トゲはフナやナマズの他、最近、大繁殖しているオオクチバス（ブラックバスという名でおなじみ）にもあり、ごく普通の外部形態の一形質である。ただ、トゲウオ類のトゲは他と異なり、互いの背トゲが膜でつながっておらず、それぞれが独立している（図5）。これらのトゲはひれの一部なのであるが、トゲウオの場合、ひれとしての泳ぎに関する機能をほとんど持たない。腹部のトゲは腹びれの変形であり、もっとも大きい。

このトゲは何のためにあるかという問いには、捕食者から逃れやすくするためという答えがある。捕食者のカワマスがトゲウオを食べようとすると、彼らはすべてのトゲを垂直に立てる。すると、捕食者は吐き出すというわけだ（図6）。だから、魚食魚（魚を食べる魚）の中にトゲウオ類とコイの仲間を入れておくと、

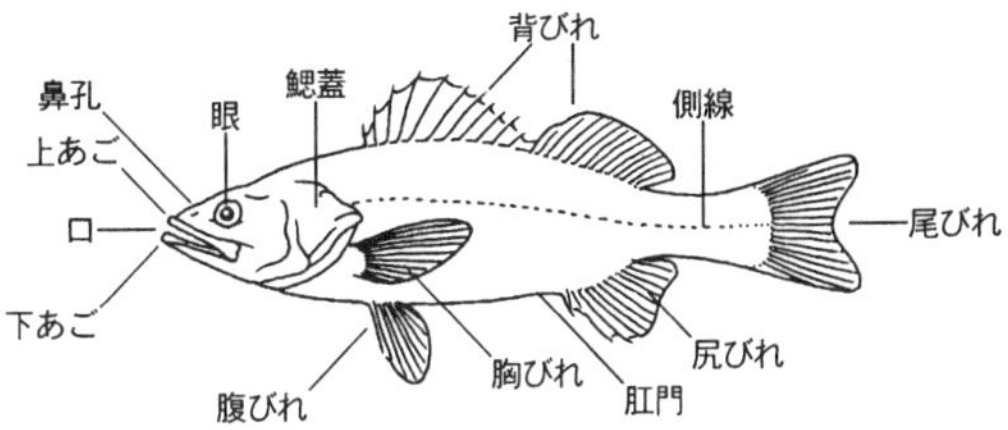

魚の外部形態の名称

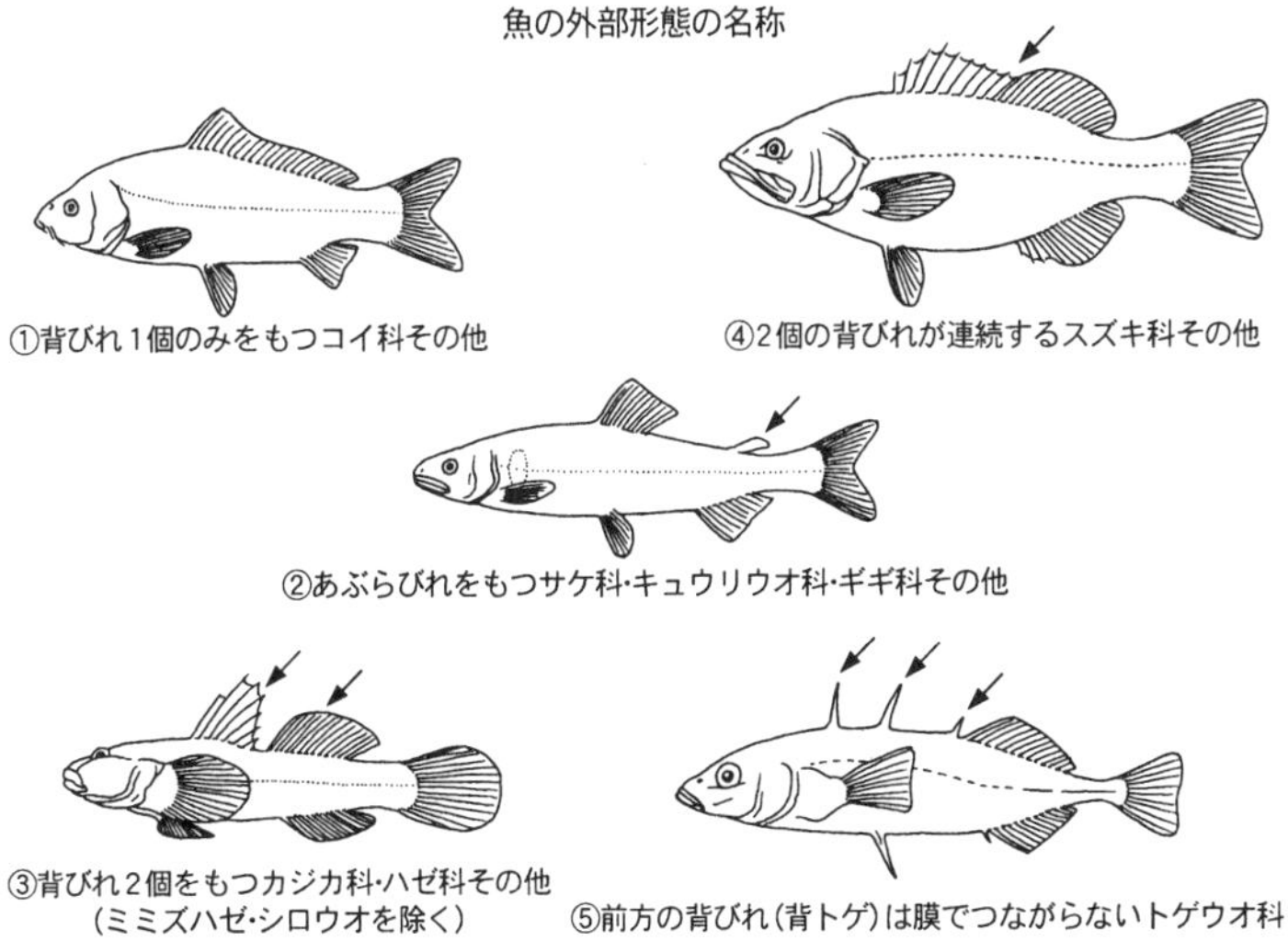

①背びれ1個のみをもつコイ科その他
④2個の背びれが連続するスズキ科その他
②あぶらびれをもつサケ科・キュウリウオ科・ギギ科その他
③背びれ2個をもつカジカ科・ハゼ科その他
（ミミズハゼ・シロウオを除く）
⑤前方の背びれ（背トゲ）は膜でつながらないトゲウオ科

図5　背びれの五つのタイプとトゲウオのトゲ

あきらかにコイのほうから先に食べられてしまう（図7）。

こうした適応論的な説明の他に、トゲのなかでも特に背トゲは種内の求愛行動において機能的な役割を担っているという視点の異なる説もある。それは雄が彼のナワバリに入ってきた雌の腹側に位置しながら、立てた背トゲで雌の腹を擦るように軽く突ついて刺激を与えるというものである。これは特に、雌が産卵に乗り気ではない時によく見られ、一種の愛撫というところか。つまり、この雄の行動は雌の産卵をうながす効果をもたらすのである。いわば、求愛の奥の手とでもいうところであろうか。

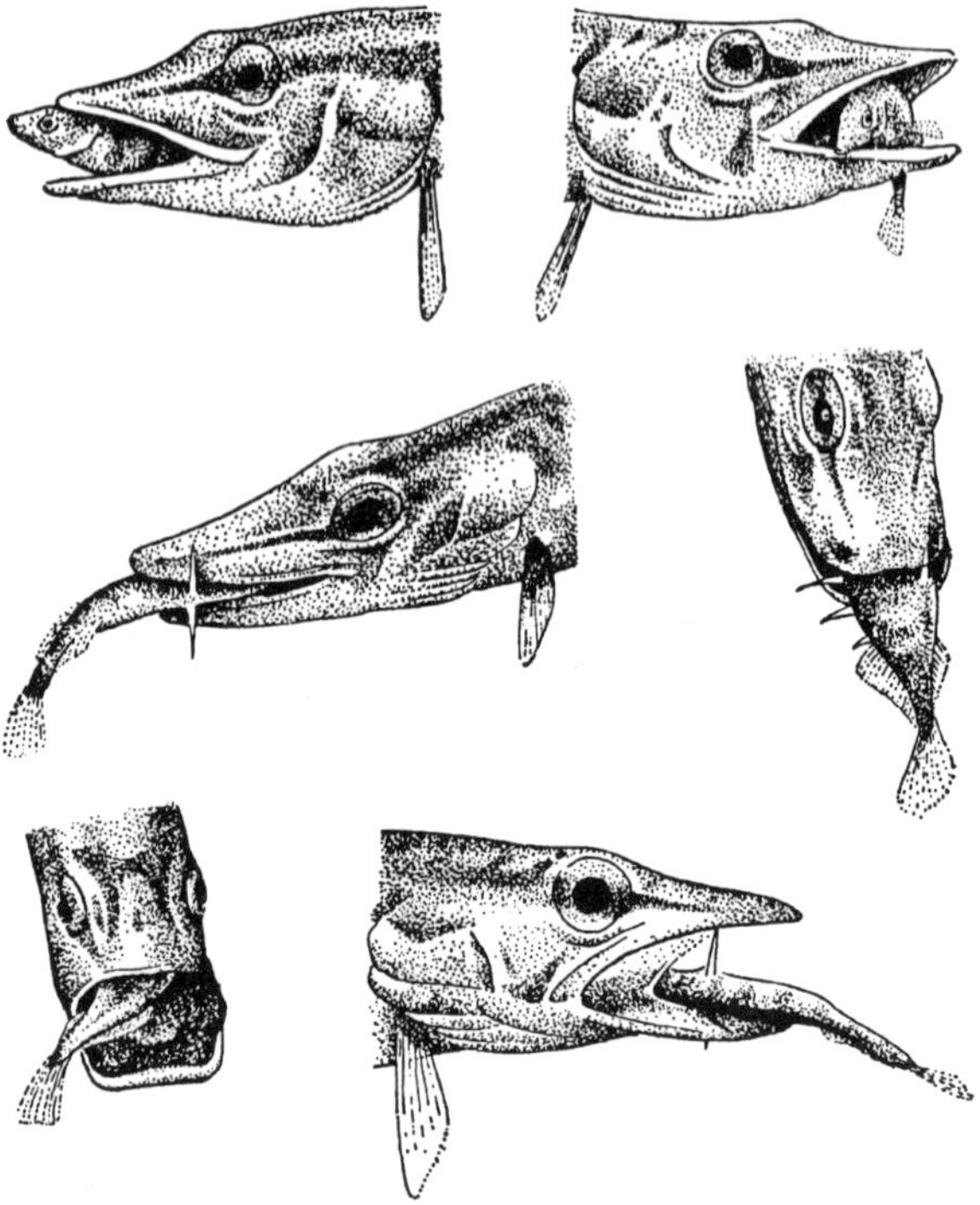

図6　イトヨはパイク（カワカマスの仲間）に食べられる瞬間にトゲを立てる（Hooglandら，1956，*Behavior* 10，207-236より）

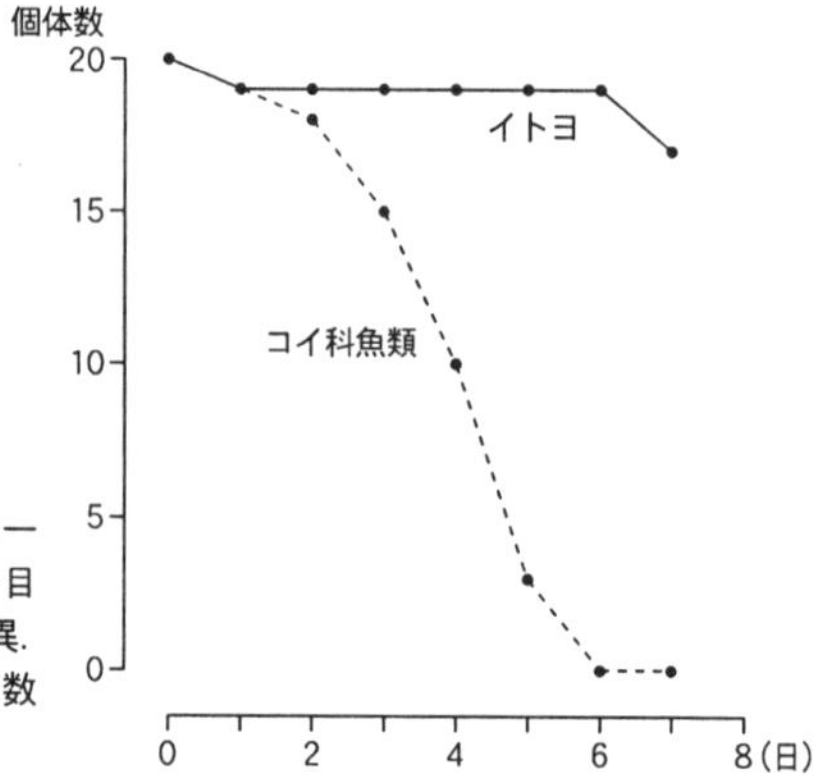

図7　イトヨとコイ科魚類のハヤの一種の混成群に対するパーチ（スズキ目アカメの仲間）による捕食効果の差異. 縦軸は被捕食者の生存数，横軸は日数（Hooglandら，1956を改図）

どこに棲んでいるか——減少する生息地

ハリヨは現在、滋賀県と岐阜県の一部にある湧水域にしか生息していない希少種となってしまった。一九五〇年代までは三重県北部にも分布していたが、不幸なことに、同県の天然生息地は、湧水の枯渇と水質悪化とともに消滅してしまった。そこは岐阜県にある生息地の一つと同じ水系であるため、個体群としては同系統のものが生き残ったことが、せめてもの救いであった。

しかし、二〇〇二年の五月に、私はその水系で数十尾しか確認していない。残念ながら、この数字は生息個体数の実数とそれほどかけ離れてはいないと判断できる。さらにその後、この水系でハリヨを見かけたことがないし、その情報もない。この地はまさに世界のトゲウオ科（ハリヨやイトヨのだけじゃなく!!）魚類の最南限地であると言っていい場所であるが、これも過去形にせざるを得ないだろう。かつて、私が覚えている範囲での南限地は、三重県内の小さな湧水池であった。ここ、と指させる。しかし、現在、そこは埋め立てられている。

このように、年々生息地は加速的に狭まり、南限地がしだいに北上している（写真4）。調査地から保護の対象地に、というよりも今や、絶滅の地となっている可能性がある。少なくとも、現状のまま放っておけば確実に絶滅する。これは人為的な影響によると断言できる。私はこうして絶滅してしまった生息地を、この十年あまりの間にいくつも見てきている。近年、三重県北部の本来の記録地でない水系でハリヨが確認されることがあるが、これはかつての分布地が復活したわけではなく、他県からの放流個体である。

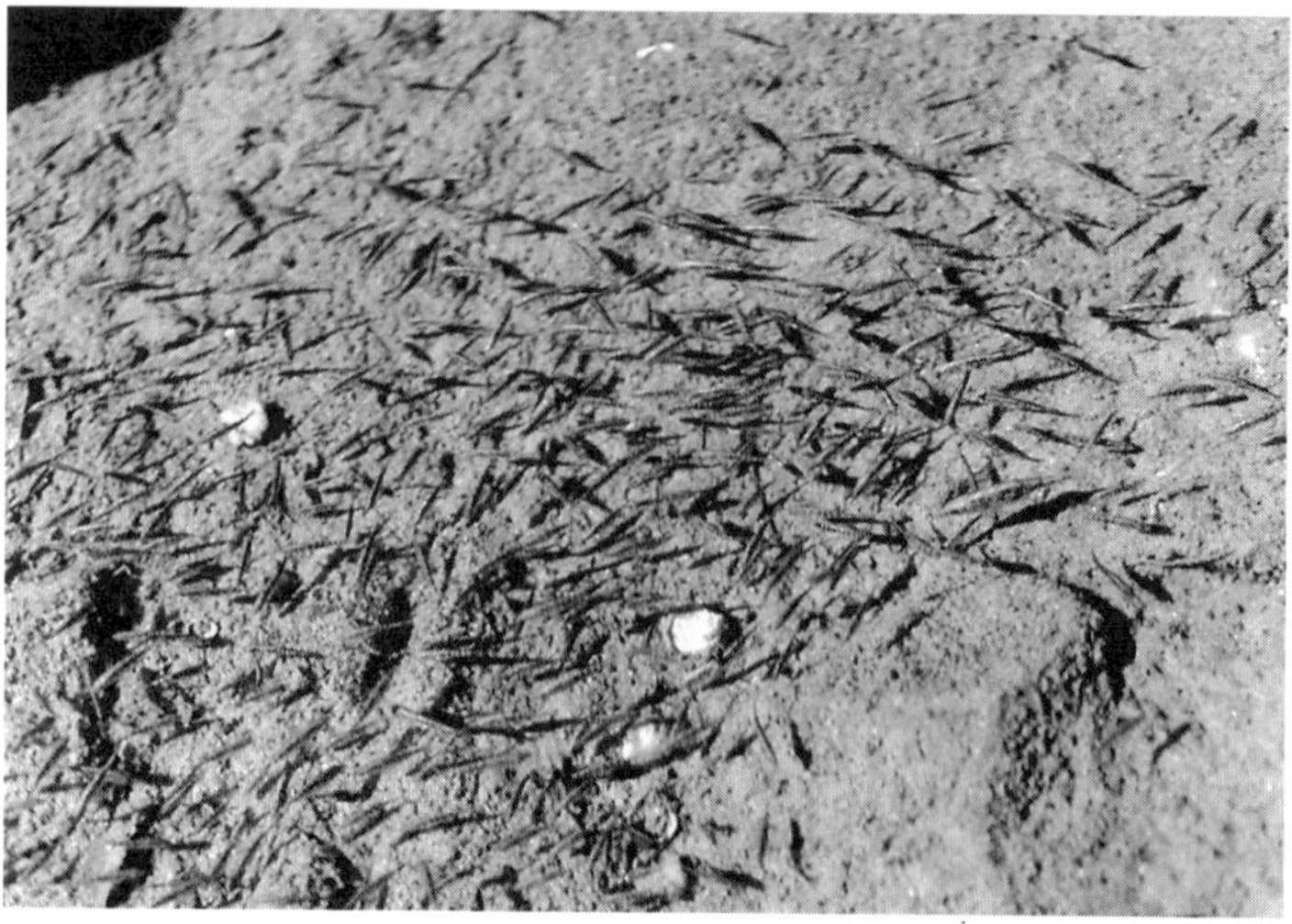

写真4　ハリヨの最南限の河川の湧水池（1981年9月）．群はすべて当年春生まれのハリヨ未成魚である．現在，この生息地は埋め立てられ存在しない

また、ハリヨの行動の中で変わったことをする個体が出てきた。というのは、垂直のコンクリート面で、営巣を始めた雄が複数確認されたのである。垂直面で営巣した雄は最初、すでに水底で巣を作っている雄の上部で定位して、完全なナワバリ行動を行った（写真5）。そうして雄は巣材を垂直面に生えた藻類に置き粘着を重ねて、造巣をしていったのである。しかも、雌に産卵をさせて、卵の世話も確認した（写真6）。ただし、残念ながら、孵化した仔魚は水底に落ちてしまい、その多くが下部で営巣している雄に食べられていた。一巣当りで雌とつがう回数も少なく、繁殖成功は低かった。この垂直営巣が認められたのは、水深60センチ以上の営巣条件としては深い水深の場所であった。これは営巣条件として適した底質面積が激減した結果ではないかと考えている。いわば、人口密度の高い都市における高層住宅化である。悲しい住宅事情である。

ハリヨを含むイトヨ類は、わが国においては北緯三

写真5　垂直方向でナワバリを隣接し合う雄2個体（徳田幸憲撮影）．先に下部の雄がナワバリを形成し，営巣活動を始めた．2～数日後に他雄個体が上部に定位し始めて巣作りをした

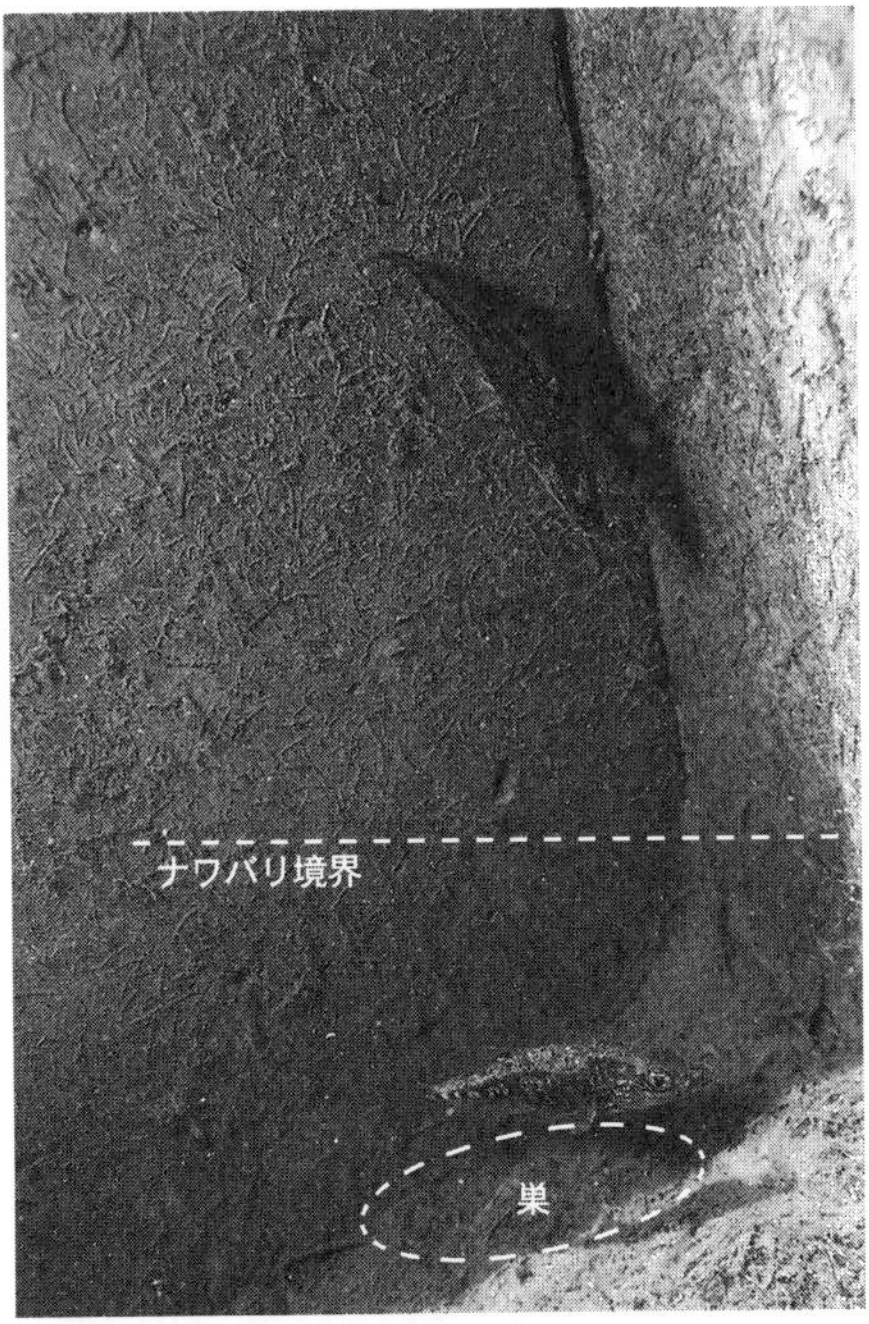

写真6　垂直巣にファンニングする雄（内山りゅう撮影）．卵を確認している

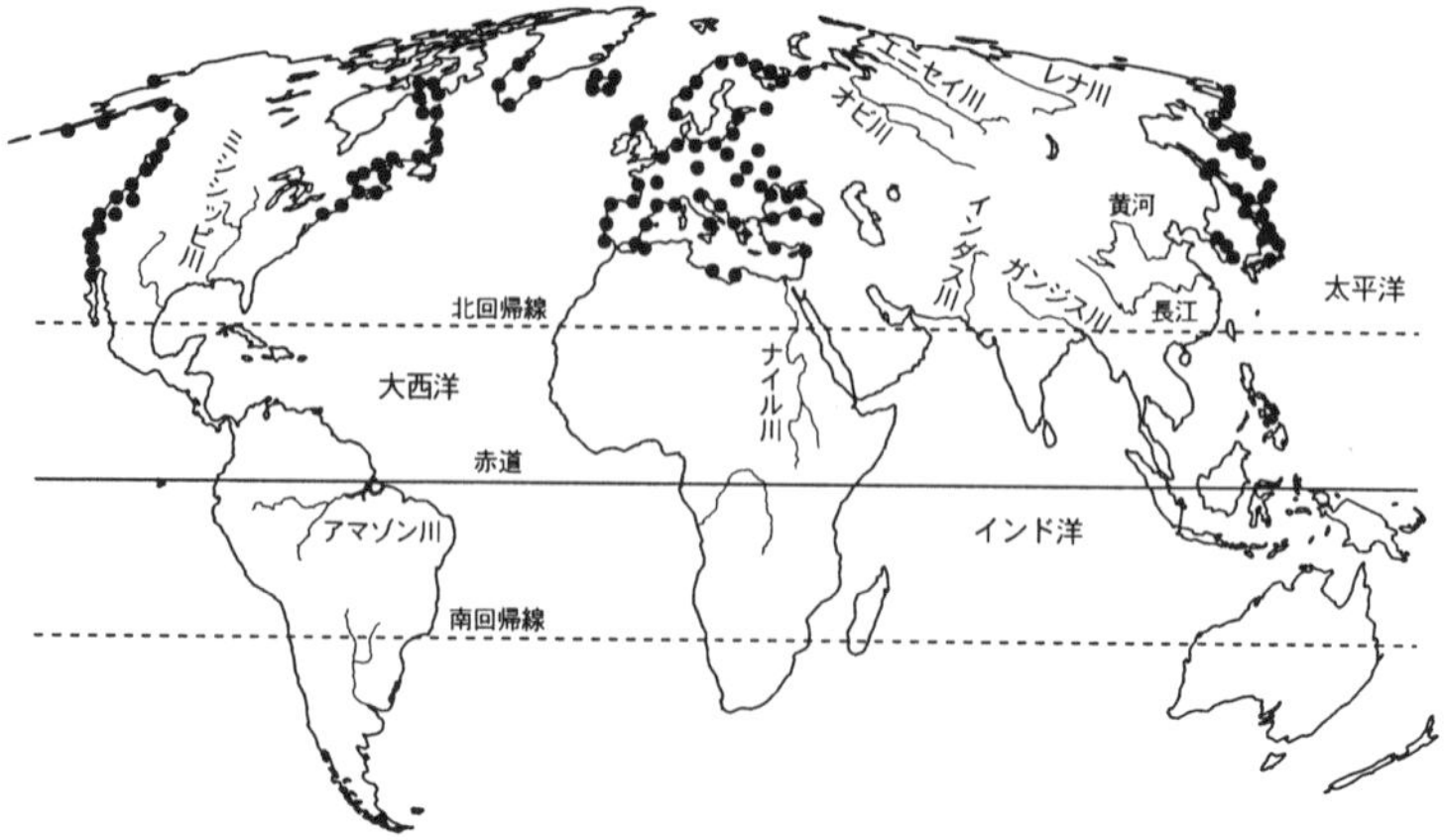

図8　イトヨ属の世界における分布図．黒点は主な分布地を示す．北緯35度以北に広く分布する（Wootton, 1976を改変）

五度以北に分散的かつ局所的な分布を示す（図8）。ハリヨ同様に、イトヨの分布域も激減傾向にある。このイトヨ類には淡水型と遡河型の二つのタイプがある。前者は一生淡水域で過ごし、後者は繁殖のため川を上り、産卵後は死ぬというサケのような生活史をもつ。ハリヨは淡水型だけである（図9）。

イトヨ類の淡水型は本州では湧水地を中心に、夏期でも水温二〇度以下の水域を中心に生息している。現在、この淡水型の分布地は、悲しいかな一〇水系前後であるにすぎない。しかも、本州産淡水型は減少の一途を辿っている。有名なところでは福井県大野盆地、栃木県那須地方、福島県会津盆地があげられるが、いずれも絶滅に瀕しているのが現状である。それらはそれぞれ国、県、市の指定記念物となっていて、たとえ研究目的であっても許可なしでは採集できない。無断採集は言うまでもなく法律違反である。

この淡水型の局所的分布に対し、遡河型イトヨは山陰地方（日本海側）および北関東（太平洋側）以北の沿岸平野部に、三〜六月を中心に繁殖のために大量に遡ってくる。しかし、

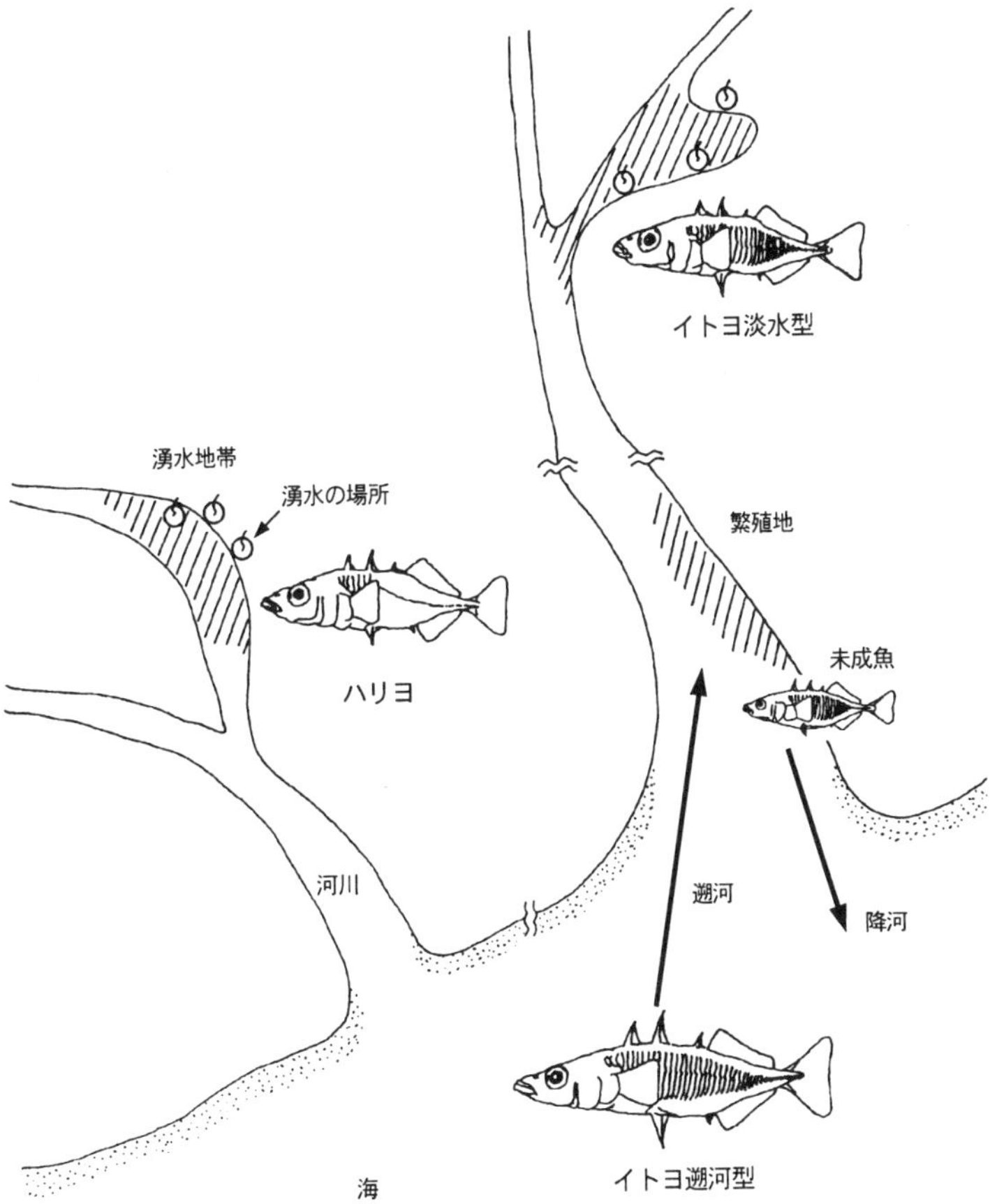

図9　イトヨ属の生活史の類型．本州における淡水型のほとんどは湧水地である

これもまたすでに、一九〇〇年代初頭の『動物学雑誌』に年々減っているとの記載がある。まれに、茨城県の河川にも偶発的に採集されることがあるものの、今や、太平洋側では宮城県が生息繁殖地の南限となっている。仙台市を流れる河川で発見されると、新聞ネタになるくらいになってしまった。今のところ、関東地方で採集されることはほとんどない。非常にまれに、茨城県での報告がある程度である。もし茨城県や福島県で毎春、遡河イトヨが採集できる河川をご存じの方がいらっしゃれば、ご一報願いたい。私はすぐにもそこへ飛んで行きます。

湧き水の魚

湧き水――私は何度、この言葉を口にしたことだろう。日常生活で使用する言葉を除けば、もっとも多く私の口から発した言葉の一つに違いない。

ハリヨを含む淡水型イトヨ類は、年平均水温二〇度を超える水域には分布していない。もともと北方系の魚だからだ。この仲間はシベリアやアラスカ、ヨーロッパ中央部以北には普通に分布している。冷水には強く、水面に氷が張っていても平気で餌を食している。それゆえにハリヨにとっては、北緯三五度という日本の分布地は熱帯に等しい。したがって、夏でも水温二〇度以上にならない湧水域が、生息する上で不可欠なのだ。その結果、生息域は極めて局所的である。

岐阜県と滋賀県の生息地の湧水の水温は、年中一五度前後である。これはハリヨにとっては種を維持するために何よりも重要な必須条件となる。むろん、たとえば二三度の水温でも個体は、幾日かは生存できる。

しかし、生活し続けて子を増やし、種を存続させていくことはできない。そのような高温下では、苦しみながら、ただ生きているというだけで、生き物としての本来の生活の姿とはいえない。

西美濃地方（岐阜県南西部）と東近江地方（琵琶湖東部）には湧水が豊富であった。現在残念ながら、これは過去形で言わざるをえない。古老に聞くまでもなく、戦後生まれの方々に聞いても子どものころは、自噴水がボコボコ湧出していたという（15ページ写真2）。さぞやハリヨがたくさんいたことだろう。西美濃地方の中心地である大垣市は「水都」と呼ばれたくらいだ。残念なことに今日では、その面影は若干残っているに過ぎない。私はそのころの様子を知るべくもないが、この十数年の間でも枯渇した湧水地を私はいくつも目撃してきた。

これはすなわち、ハリヨの生息地がなくなることを意味している。湧き水とハリヨの生活は一身同体である。ハリヨとの出会いは、湧水との出会いも意味するのだ。湧き水さえあれば、本来繁殖能力の旺盛なハリヨは容易に世代交代をやっていけるのだ。だから、私は「ハリヨ、ハリヨ」と言うのと同じくらい、「湧き水、わきみず、ワキミズ」といつも繰り言を言っている。まさにハリヨは、〝湧き水の魚〟というのにふさわしいのである。湧き水があると私は、どんなに忙しくても手間がかかっても必ず試飲してみることにしている。私にとっても、湧き水の存在は活力の源になっているのである。

湧水の存在意義――二つの生息地

ハリヨや淡水型イトヨの生息地には、扇状地などの地下を伏流して湧き出る湧水域が必要である。その結果、湧水域に閉じ込められて生活している感があるが、彼らはもっと積極的に与えられた環境を利用していると思われる生態をもっている。湧水域の水温は年中ほぼ一五度で一定であるが、たとえば岐阜県A川の本流部では六度（二月上旬）から二六度（八月）の年変動があった。

営巣活動は湧水域ではほぼ周年にわたって確認され、春（四～五月）と秋（一〇～一一月）に営巣数がピークに達した。いっぽう、本流部のピークは春だけであった。湧水の存在と営巣の存在期間はかなり一致しており、観察された営巣総数のうち九〇％以上は、一三度から一八度の範囲（湧水水温の年変動の範囲内）にあった（図10）。

巣はほとんど水深一〇～四〇センチ（平均二九センチ）にあったが、湧水域と本流部とでは営巣の水深分布に差がある。湧水域という環境の水深分布は、営巣地の水深分布と大きな差はなかった。いっぽう、本流環境の水深分布は営巣地の水深分布と異なり、巣はより浅い水域で作られる傾向があった（図11）。また、湧水域では本流部に比べより中央でも営巣するが、本流部では岸より一メートル以上離れて営巣する雄は少なかった。これらのことは営巣地として、湧水域のほうが本流域より相対的に高い利用効率を示していると思われる（図12）。こうした湧水域と本流部における営巣分布の違いに、水の流速が関係していることはあきらかであろう。河川は岸からの距離が離れるほど、また、水深が深くなるほど流速が速くなる傾向がある。

また、生物相でもこの二つの水域には差がある。たとえば湧水域の魚の種数と個体数は本流部に比べ少なく、湧水域間の構成種は類似している。本流域ではほとんど採集されなかったアブラハヤが、湧水域ではハリヨともっとも周年にわたって重複的に生息しているが、他種の個体数は非常に少ない。本流域では、大物

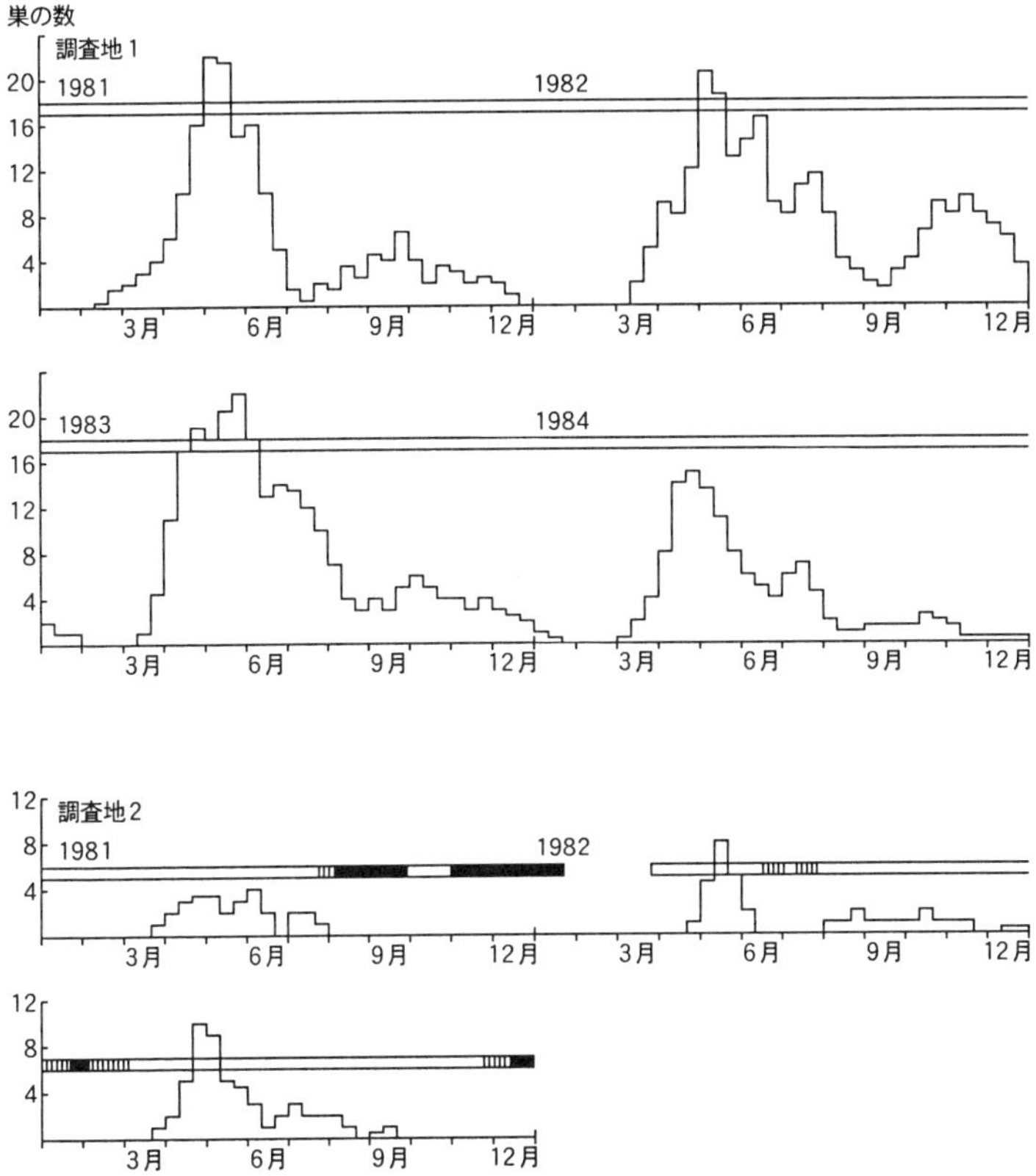

図10　営巣と湧水の関係．湧水がないと巣も認められない傾向がある．湧水が一年中枯れない場所では繁殖が周年的である．グラフを横切る帯は水温状態で，□13℃以上18℃未満（湧水水温域），▥10℃以上13℃未満または18℃以上20℃未満，■10℃以下または20℃以上．帯が途切れている時期は渇水期（Mori，1994を改変）

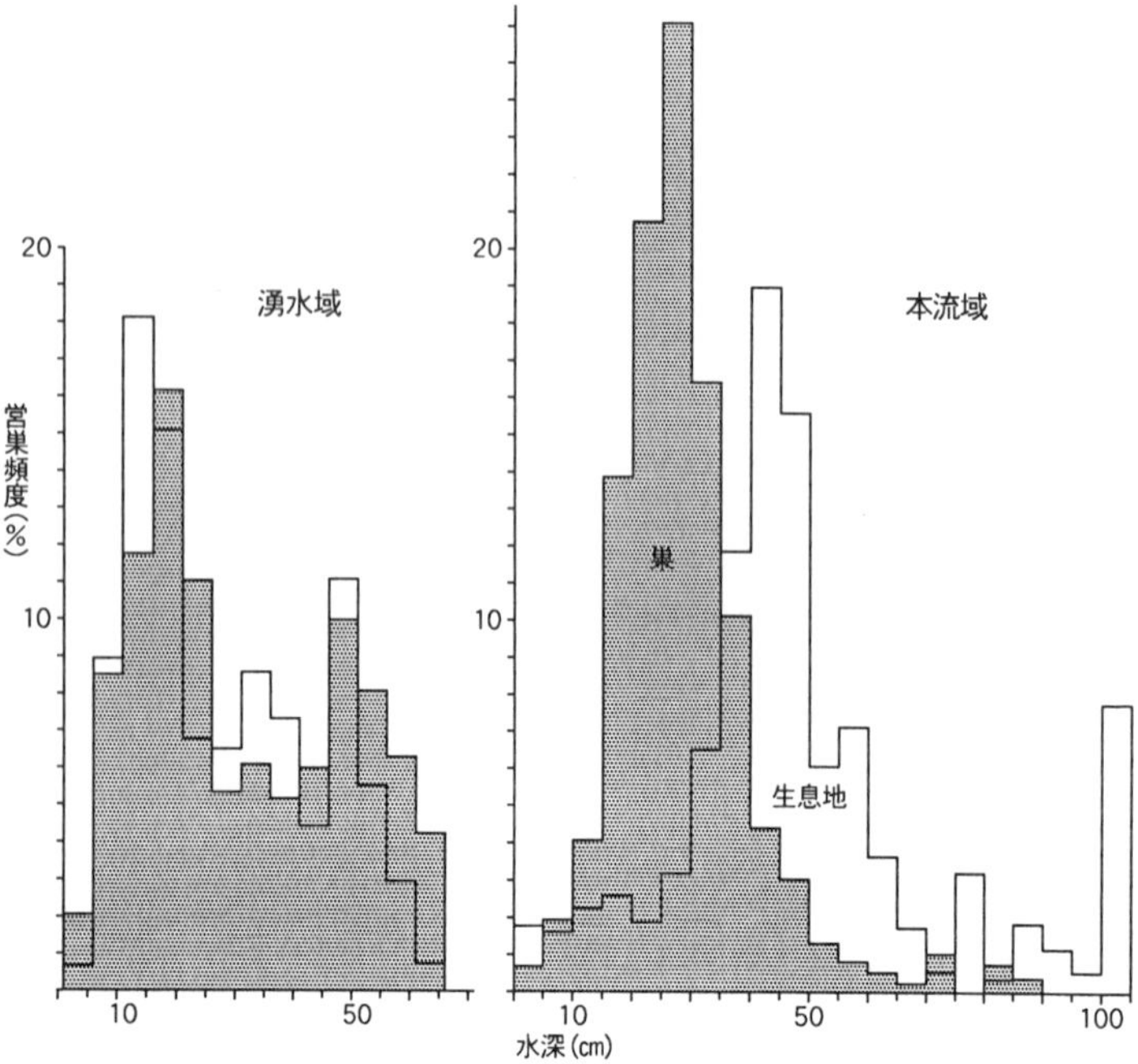

図11　営巣と水深の関係. 白棒は生息場所自体の水深分布，灰色棒は巣の水深を示す. SAは湧水域，MSは本流域（Mori，1994を改変）

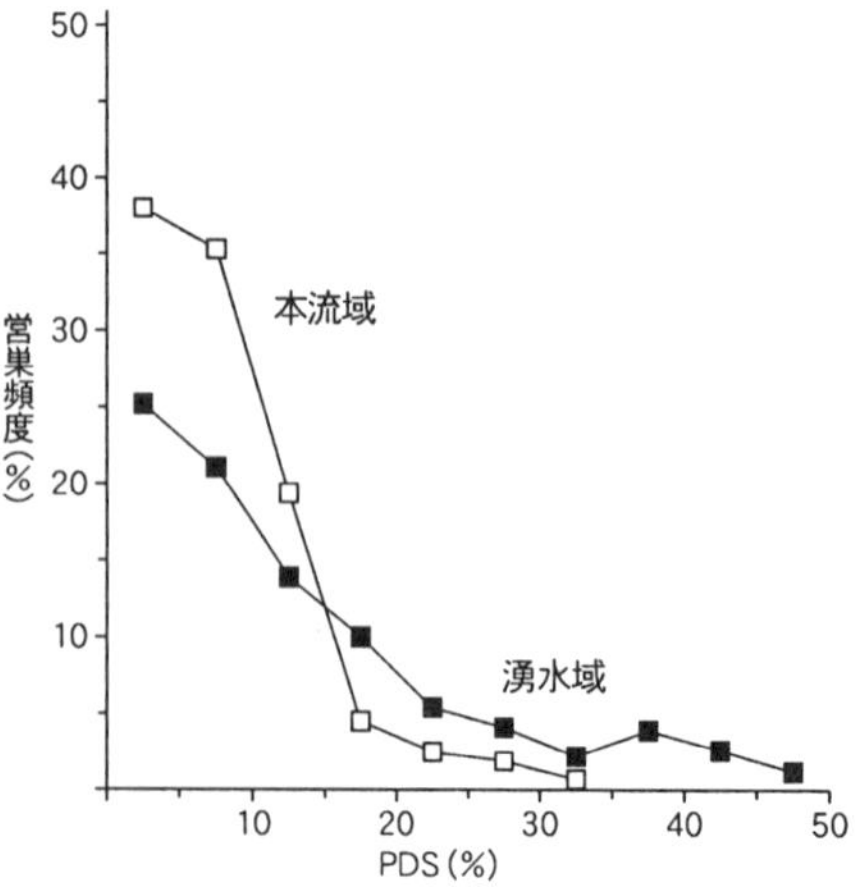

図12　水域幅に対する岸から巣までの距離の割合（PDS）. PDS50%とはその巣が川幅の真ん中の流心部にあることを意味する（Mori，1994を改変）

のコイやカムルチー（ライギョ）、水鳥のカイツブリの泳ぎで、しばしばハリヨの巣は煽られて壊されることが目撃される。種数と個体数が本流部に比べ貧弱な湧水域は、他種との競争、巣の破壊や捕食圧が軽減されていると思われる。さらに、湧水域はその安定した環境ゆえに、餌生物の一定した供給をもたらす。つまり、これは孵化した仔稚魚にとって、いつでも餌が得やすい状況を満たしていると考えられる。このような繁殖とは直接的に関与しない状況もまた、生活史においては大きな影響を与えるものであろう。

夏期においても二〇度を超えない湧水域は、北方系の淡水魚であるハリヨの生存のために、必要不可欠である。その恒温性は、繁殖期の周年性をもたらす一つの大きな要因になっているだろう。また、湧水域の特性は繁殖営巣地として利用可能な面積を、本流域と比べ相対的に拡張していた。湧水域はハリヨの生息にとって不可欠であるだけでなく、特に営巣地条件としても有利な環境をもたらしているのである。ハリヨのために〝湧水魚《ゆうすいぎょ》〟という生態的分類を冠してもいいのかもしれない。

生活する場

湧き水はハリヨにとって〝生命の源〟というに等しい。それはハリヨが元来、北方系の魚であり、水温二〇度以下の水域に生息するからである。分布域内の河川本流部は夏の水温は三〇度近くにもなる。コイやドジョウならこの水温でもまったく差し支えないが、ハリヨにとっては死を意味する。ハリヨはこの地域において、湧水との〝出会い〟によって存在が可能となったのである。

では、二〇度以上にならない山間の渓流域なら、生息できるかというと、そうではない。ハリヨは巣を作って繁殖する小魚である。流れが速く岩がゴロゴロして砂泥底のない渓流では、雄は穴が掘れず巣が作れないし、仔魚もろとも流されてしまうだろう。また、子育てをする雄親が巣に停止しながら、胸びれを使って巣中の卵に新鮮な水を与える「ファンニング」に多大なエネルギーを要し、営巣活動が困難となると考えられる。要するに、渓流はハリヨではなく、イワナやアマゴが生活する場ということだ。

このようにハリヨの生活の場の条件はなかなかにむずかしい。水温が二〇度以上にならず、穏やかな流れが必要だ。底が砂泥で、巣材となり餌の付く水生植物が繁茂している浅瀬がなければならない。とすると、ハリヨの生活場所は湧水域しかない。ハリヨの生活条件を充分に満たす湧水域の多くは山に近い平地にある。このことは、現在のハリヨの生息環境に致命的な変化をもたらしている。近年、彼らの生息環境が人間によって著しく侵されているからだ。特に、高度経済成長期(一九六〇年代)以降、平地の多くは産業用地や住宅地として利用され続けている。水域自体が埋め立てられてもいる。湧水域を伴う湿地周辺は埋め立てるしか利用方法がないのか、ことごとく消滅している。

さらに、河川や湖沼など水辺の改修工事のために、湧水口がなくなりしだいに枯渇していく。その結果、ただでさえ、湧水域に限られた生息域がますます狭められている。このままでは早晩、ハリヨはこの地上から姿を消すことになるだろう。人間にとって最も重要な資源の一つである水、しかもいろんな意味合いでの〝よい水〟の消滅というできごとともに。

いま、ハリヨは喘いでいる。

第二章

トゲウオ学の周辺

イトヨ属日本海グループの雄．婚姻色を呈している（内山りゅう撮影）

ここでハリヨを含むトゲウオ類の生活や生息状況の紹介から少し離れて、この魚のこれまでの研究内容や研究者のあらましを述べることにしよう。それはエソロジーにおける〝出会い〟の意味を深める次のステップへの前提事項となるだろう。

一九九〇年代に入って、トゲウオを扱った研究は、今まで以上にホットな状態にある。特に、系統進化学的な目的から形態、生態、行動、遺伝などさまざまな観点からのアプローチがなされるようになった。それはポイントさえつかめば飼育が比較的容易で、成長が速く、多くは一年で成熟し世代交代が速いことや、脊椎動物としてサイズが小さく扱いやすい、また体表に粘液が少なく手が魚臭くならない（これは本当にいい）など、トゲウオ自体の性質によるところが大きい。難点と言えば、今でもときどき、トゲに刺されるくらいだ。

また、言うまでもなく、一九三〇年代のティンバーゲン以来、数多くの研究論文が発表されていることにもよるだろう。現在もなお毎年、論文がもっとも多く発表される研究材料の一種である。これらの集大成として、一九九四年にベルとフォスターが編集した『*The Evolutionary Biology of the Threespine Stickleback*』（Oxford 大学出版、イギリス）と、一九九五年にはバッカーとセイフンスター編集による『*Sticklebacks as Models for Animal Behaviour and Evolution*』、さらに二〇〇〇年にはテイラー編集による『*Proceedings of the Third International Conference on Stickleback Behaviour and Evolution*』（E. J. Brill 出版社、オランダ）の計三冊が刊行された（後二者には私も寄稿している）。いずれも、充実したデータ量に基づいた多岐にわたるアプローチに対して高く評価されている。

一、分類の問題

イトヨとトミヨ

わが国には大きく分けて、二種類のトゲウオがいる。イトヨ属とトミヨ属である。イトヨ属 *Gasterosteus* の仲間は、現在、形態からイトヨ（*Gasterosteus aculeatus* form *trachurus*）とハリヨ（*G. a.* f. *leiurus*）とに二分されている。しかし、生活史の上では、遡河型（イトヨ）と淡水陸封型（イトヨとハリヨ）があり、形態および生活史から三群が認められる（31ページ図9参照）。従来、淡水型イトヨおよびハリヨの祖先型は、遡河型イトヨに類似し分化したものであると考えられてきた。

新潟で魚類学的仕事を精力的にされている本間義治さん（元新潟大学）も言うように、私は、日本における遡河型イトヨと淡水型イトヨとが別種であるという見解に概ね賛成である。ただし、淡水型イトヨは、現在知られているものだけを一括して議論することは避けるべきだろう。なぜなら、淡水型と呼ばれているイトヨは淡水型になった年代の変異が大きく、たとえば場所によって数十万年から二、三千年という開きがあると考えられ、また陸封化されてわずか数十年という年月の個体群もあるからだ。この変異は考慮しなければならない。そのためにも、きわめて単純で基礎的な資料、つまり生息地の分布調査が必要である。もっとも、両型の隔離機構については、すでに一九四六年のヘイツや一九六七年のハーゲン、一九七〇年代のマックファイルらの研究がある。少なくとも、細谷和海さん（近畿大学）が最近位置づけたように、遡河型イトヨとハリヨは別種とすべきで、私も近いうちにそのあたりをエソロジー的かつ生態学的見地からも、明確に

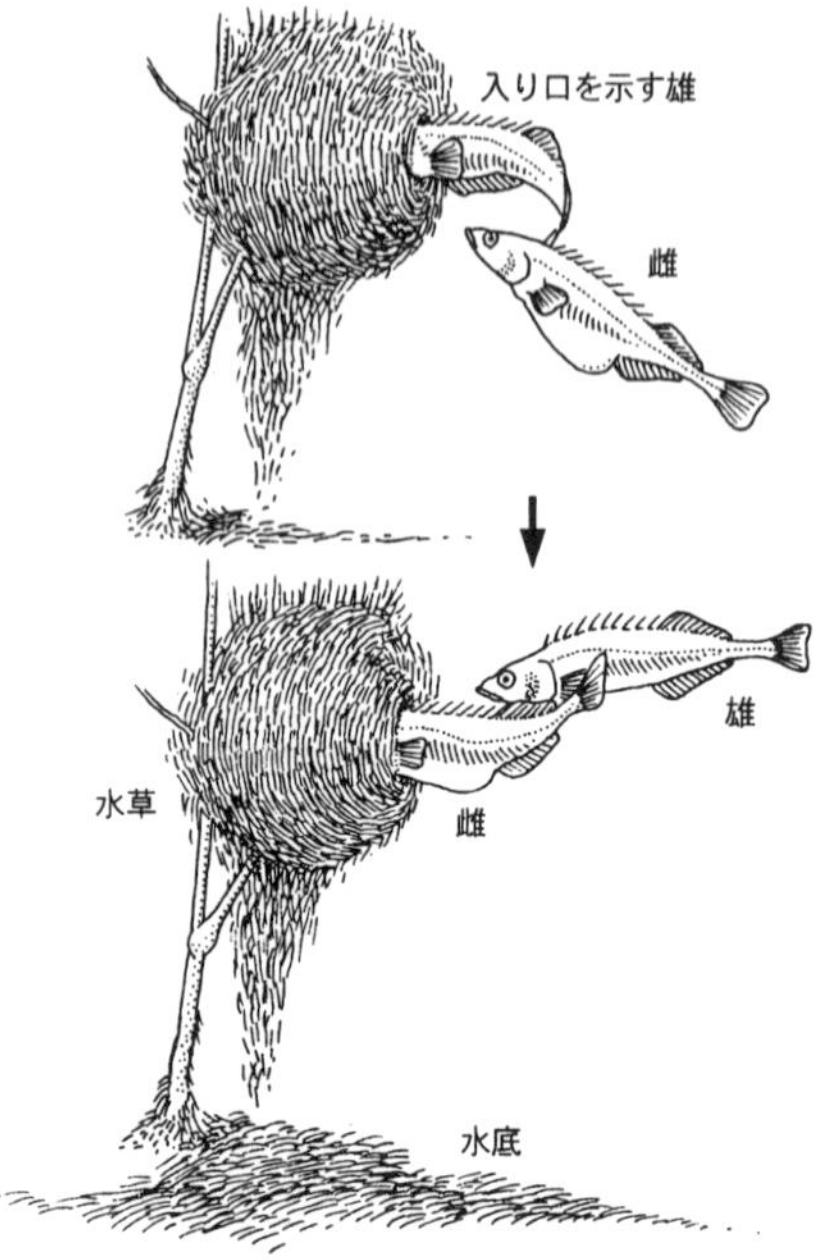

図13　トミヨの巣と産卵行動．雄は黒くなり，巣を底から離して作る

整理したい。

いっぽう、トミヨ属は淡水域を中心に生活しており、海に出て成長期を過ごすことはない。汽水域に生活の場を移すことはあるが、繁殖はやはり淡水域に入っておこなう。非常にほっそりした体形で、トゲが小さいかわりに九本の背トゲをもつ。婚姻色は赤くならずに、真っ黒になる。この色合いは野外の生息地では、保護色のようになって目立たない。巣は水底から離れて、細い棒状の水草の茎などに丸い鳥の巣状に作られる（図13）。わが国のトミヨ属の系統進化に関しては最近、信州大学の高田啓介さんや下関水産大学校の高橋洋さんによって新しい知見をもとに議論が進められている。

学名について

生物の学名は普通、属名と種小名のラテン語からなり、イタリック体で表記される。イトヨの学名は*Gasterosteus aculeatus* であり、これは分類学の祖である、かのリンネが一八世紀中ごろにヨーロッパ産の個体群に対して命名したものである。属名の *Gasterosteus* は腹に硬い骨があることを、また小種名の *aculeatus* はトゲがあることを意味している。これは北半球にグローバルに分布するイトヨとして同一の学名が付けられている。北アメリカに棲むものも、ヨーロッパに棲むものも、極東アジアに棲むものも同種の魚として扱われているのである。いや、これまではそのように扱われてきたというべきだろう。

現在、ハリヨを含むイトヨ類は、分類学的にとても混乱している。学名は、*Gasterosteus aculeatus* として多く用いられているので、混乱というよりも、この系群に属する魚の分類が未整理という段階で、系統分類学として過渡期にあるというほうがいいかもしれない。厄介なのは、イトヨには遡河するタイプがいるため、分布の放散がいつ、どこから、どの程度なされているかを把握するのが困難であり、系統関係がとても複雑になっていることである。

一九六九年にミラーとハッブスは鱗板の少ない *leiurus* と鱗板数が多い *trachurus* を亜種関係としてとらえ、ハーゲンとマックファイル（一九六七、一九七九）はそれらをそれぞれ種とみなした。一部では単純に *leiurus* は淡水型を、*trachurus* は遡河型を示すことがあるが、後者には淡水型もいるため、この分類は適切ではないといえる。また、厳密にいえば、*leiurus*（もしくは *gymnura*）や *trachurus*、さらには *semiarmatus*（中間部の鱗板がないタイプ）もしくは *hologymnura*（まったく鱗板のないタイプ）はヨーロッパにおいて、ベルティン（一九二五）やミュンツンク（一九五九、一九六三）が、その鱗板数のパターンだけに関して分けたものであって、本来、現在のように北半球全体に分布するものに広く適用されること自体、問題があるかもしれない。

表1　イトヨ類の学名

イトヨ型（鱗板が完全）

Gasterosteus aculeatus	Linnaeus, 1758.	イトヨの模式産地，ヨーロッパ
G. cataphractus	Jordan & Gilbert, 1899.	
〃	Evermann & Goldsborough, 1906.	アラスカ
〃	Snyder, 1913.	カリフォルニアのモンテレー湾
G. aculeatus	Regan, 1909.	ヨーロッパ，アメリカ産のシノニム
G. aculeatus	Hagen, 1967.	ブリティッシュコロンビア

ハリヨ型（鱗板が少ない）

Gasterosteus microcephalus	Girard, 1854.	カリフォルニア
〃	Eigenmann, 1886.	ベーリング海峡からトドスサントス湾
〃	Jordan, 1894.	サンルイスオビスポ
G. williamsoni microcephalus	Rutter, 1896.	南カリフォルニア
〃	Jordan & Everman, 1896.	アラスカからトドスサントス湾
G. a. microcephalus	Jordan & Hubbs, 1925.	カリフォルニア，アリューシャン列島，日本
〃	Miller & Hubbs, 1969.	太平洋沿岸
G. leiurus	Hagen & McPhail, 1970.	ブリティッシュコロンビア

表1にイトヨ類の学名について、記載年代順にざっと列挙しておこう。これは分類学やイトヨに関心のある方にしか意味のないものかもしれないが、私の勉強の結果として自己満足的に記させていただく。今および近い将来、イトヨ類の分類に関心をもたれる契機になるかもしれない。

先述したように現在、イトヨは *Gasterosteus aculeatus* として記載されている。世界中のイトヨがそうなのである。この〝世界中のイトヨ〟という表現も、すでに一種として認めている点で妙なのだが、このような世界共通である種はまれであるかもしれない。広範囲にわたって分布する場合、それらの個体群や地域群は近縁なる関係として亜種であったり別種扱いされることが普通であるからだ。

ハリヨの学名

私自身はハリヨの学名に対して、ジョルダンとホッブス（一九二五）、池田（一九三三、一九三四）、五十嵐（一九六五）に従って、*G. a. microcephalus* を使用したことがある（森、

一九八四、一九八五)。しかしながら、その後は分類学的にもっと詳細かつ慎重であるべきだとの判断ゆえに、分類学者でない私は曖昧にごまかして、これまで *G. aculeatus* (*leiurus* form) としてハリヨの学名を使ってきた。田中(一九八九)も言うように、日本産ハリヨの学名に関しての詳しい記載はないが、しかしながら、だからと言って先達(この場合は、池田嘉平さんや五十嵐清さん)が使用していた *G. a. microcephalus* を無視することはできないだろう。十年ほど前の組織生理学的研究による、イトヨ属内の淡水型と遡河型は別種である(本間、一九八六)という説は妥当であろうと思われる。とするならば、ハリヨもまた遡河型イトヨとは別種ということになるだろう。

鱗板の少ないイトヨ属の亜種として *G. a. leiurus* という記載を私は見たことがないが、カナダで用いられた独立種を意味する *G. leiurus* が日本のハリヨでも使用されたことがある。しかし、これは結局、鱗板数という外部形態だけを問題にして区別しようとしているものである。ただし、実際にカナダではハリヨ型の少数鱗板型に付けられた *G. leiurus* は、配偶選択実験や遺伝的な固定の証拠の結果に基づいており、日本の事情とはまったく異なる。

そうこうしているうちに最近になって、細谷さん(前述)によって、ハリヨは *G. microcephalus* と、図鑑にではあるが記された。少し複雑な気持ちではあるが、とりあえず落ち着いたような感じにはなった。しかしながら、この学名はカリフォルニアからアラスカにかけて分布する少数鱗板型にかつて名付けられたものである。しかも、種として *G. microcephalus*、あるいは亜種として *G. a. microcephalus* としてである。さらに、最近、淡水型か遡河型か、あるいは完全鱗板型か少数鱗板型かという生活史や形態に基づく区分より、

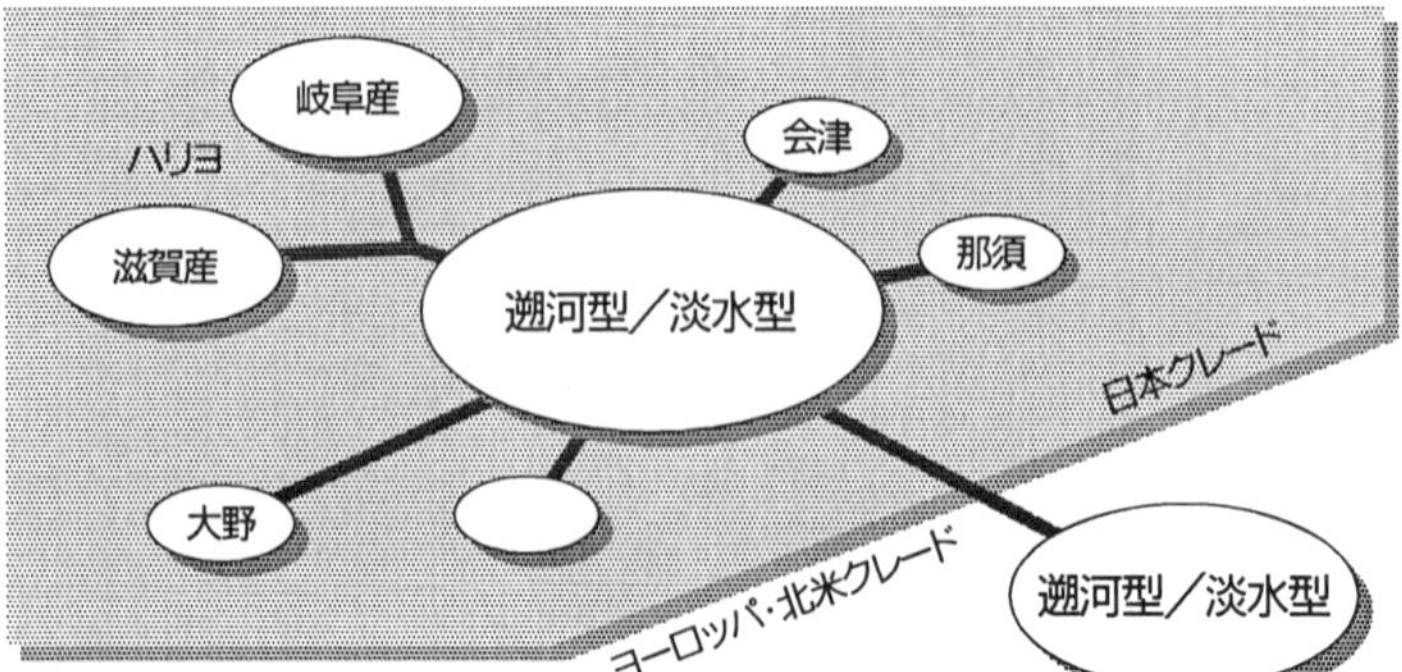

図14　ミトコンドリアDNA分析によるイトヨ属の母系集団構造と二つのハリヨの系統的位置．分子系統樹（Watanabe, Mori and Nishida, 印刷中に基づく）に集団を重ねて示す．楕円の大きさは遺伝的多様性の相対的大きさを意味している

系統的には日本海型と太平洋型の遺伝的差異がはるかに大きい、つまり種の違いほどに異なっていることがわかった。ハリヨは太平洋型に属しており、ハリヨを別種云々というよりも、まずもって日本海型を別種扱いする必要が出てきたのである。この辺のところはもちろん、そのほうの専門家と相談しながら進めていくつもりでいる。

ただ、まったく学術的な話ではないが、ハリヨをどんな形であるにせよ、独立的に種扱いすることは彼らを保全・保護していく中で、行政措置上の戦略として有効な処置である。つまり、種でないものは、現在の行政処理上では価値が低いとみなされやすいからである。最近、共同研究者である渡辺勝敏さん（奈良女子大学）と私は、形態、生態、遺伝的な解析結果から、岐阜県産と滋賀県産は亜種レベルに異なっているという見解に至っている（図14）。そこで、*Gasterosteus aculeatus* の後に、それぞれミノエンシスとオウミエンシスというラテン名をつけようかと思案しているところである。

ハリヨに限らず、日本にはトゲウオ類を題材とする研究者は少ない。たとえば、私はわが国におけるその生態・行動研究の第一人者である。今のところ、私しか研究者がいないからである。もっとも、ある一つの種を扱ってある特定の分野を専門とする研究者は、たいてい、一人かそれに近い少人数である。それは別に研究者間で縄張り意識があってのことではない。

少なくとも、私はトゲウオ類を行動学や生態学の、遺伝学におけるショウジョウバエの位置にしたいと願っている。つまり、ショウジョウバエは突然変異の発見や唾腺染色体上の遺伝子地図を作成するうえで重要な役割をもった題材であり、今なお多くの遺伝学者によって進化学上の実験材料として貢献し続けている。いわば、ショウジョウバエは遺伝学の花形である。

このようにトゲウオ類も、皆で切り刻んで秘密を暴露したいと思う。ただ、海外ではその分布の広さとティンバーゲン以来の歴史もあって、研究者は多く、したがって毎年多くの論文が発表されている。おそらく、もっとも論文数の多い魚種の一つであろう。近年、ようやく日本でもトゲウオを題材にして、一定の研究レベルに達する報告がされ始めている。若い研究者も育ちつつある現状だ。

今から二〇年近く前のことになるが、一九八四年に第一回トゲウオ国際シンポジウムがオランダで開かれた。そのシンポジウムはティンバーゲンのトゲウオ研究開始五〇周年と、弟子のイールセル教授の退官をも記念して開催された。これに参加して経験した出会いの実感と、その快活な雰囲気を紹介しながら、海外の

写真7　1984年にオランダ・ライデン大学で開催された第一回トゲウオ国際シンポジウム．右端から2人目が27歳の私．回を重ねるごとに中央に寄るようにしている

研究動向に若干触れておこう。

トゲウオ国際シンポジウム

一九八四年九月に、オランダのライデン大学主催によるトゲウオ国際シンポジウムが初めて開催された（写真7）。シンポジウムの講演の内容は『魚類学雑誌』（一九八五）に書いたので、興味のある方は参照していただきたい）。ライデン大学はライデン市にあり、ティンバーゲンの母校で最初に教鞭をとったところであった。また、イトヨを採集するのに予算がないため、百キロメートル近くの距離を自転車で移動した若き時代を過ごした場所である。シンポジウムはかつてティンバーゲンから私の論文原稿の送付先として指示された同大学のセイフンスターさんが世話役であった。また、セイフンスター夫人と車に乗ったとき、彼女は市内を案内してくれながら、ここが世界でもっとも美しい場所（one of them とは言わなかった）だと誇らしげに理由

図15　第2回トゲウオの行動に関する国際シンポジウム，1994のプログラムの表紙

をいくつか挙げながら弁じた。

驚いたことに、ライデン大学の研究棟には今もなお、ティンバーゲンの歴然とした形跡があった。いくつもの階にわたる研究室はイトヨの水槽がたくさん並んで、ティンバーゲンが使用した実験施設も保存されていた。しかも、ティンバーゲン自身が実験で使用したイトヨの模型などを、実際に手にとって見ることができた。これがあの実験の模型なのかと、少々うち震える手で触った。それは、ベーレンツさん（オランダ、グローニンゲン大学、シクリッド科魚類の行動研究で著名）がもってきたものだった。

その十年後、一九九四年夏のヨーロッパ滞在中に、第二回トゲウオ国際シンポジウムがふたたびライデン市で開催された（図15）。私の百ページを超える論文原稿を校閲いただいたバッカーさんと面識を得たいという目的もあり、出席を申し込んだ。彼はセイフンスターさんとともに今回のシンポジウムの幹事であった。今は、スイスのベルン大学にいる。当初の手紙や電子メールによる案内も彼からだった。この会にふたたび、唯一の東洋人研究者として少し気負って、また少し楽しみの余裕をもって出席し、講演を二つした。発表の反応は一勝一敗であった。一敗のほうは日本のサル学の伝統（?）に基づいた内容であったのだが、受けはよくなく、会場はシラけてるなあと第三者的に思ってしまった。そもそもの社会関係や社会構造に関する定義が、どうもうまく伝わらなかったようだった。

講演後、ただ一人だけ近づいて来て、興味深いと言ってくれたのはピーケさんだった。カリフォルニア大学心理学系の教授である彼とはその後も、交流を続けている。シンポジウム最後の日、会場を私一人で後にするとき、彼は一緒にバス停までやって来た。互いに「よい旅を」と言い合って別れた。帰国後まもなく、彼からの一通の手紙が届いた。お前のデータか、もしくは書いている原稿を送ってくれ、という。研究の方向性が揺らぎはじめていた私は、それによって単純にも、この方向でも大きな錯誤はなさそうだとの感慨をもった。

手応えのあった〝勝った発表〟のほうは、後でやや詳しく説明する卵食いと卵泥棒をネタに、それらの出現と成功には互いの個体間のそれまでの関係が大きく関与するというものである。発表中には、納得してもらっているような軽い笑いも取れ、気楽にやれた。スライドやビデオに登場する五個体それぞれに、トゲウオ研究では著名でシンポジウムの出席者でもあるイギリスのウォートン（ボブ）さんやスイスのバッカー（テオ）さんらのニックネームを付けて話をした。配偶を失敗ばかりしていた雄個体テオが、最後のほうでようやく求愛に成功した時には拍手がおこった。終了後、賛辞（と思う）あり、握手あり、親指立てのシグナルもあった。

その晩、ロシアのツェガロフさんとビールを飲んだとき、グッド・アイデアだ、とても面白かったとの言葉をもらった。別にお笑い営業してきたわけでないが、特に、データの質がよかったようだ。この場合、充分なデータ量に裏打ちされた結果、上質なものになっていたと思う。量が質を生む。いずれにしても、いい体験をしてきたといえよう。ただし、実のところシンポジウム全体の多岐にわたる議論の細部には、半分もついていけなかったのであるが。もちろん、会話における語学力の問題である。後で編集された講演の論文集を編んださいに、私はレフェリーにもなったし、じっくり読めば批判的にも十分に理解できるものだったから。さらに、一九九九年六月に第三回のシンポジウムがカナダのブリティッシュコロンビア大学で開催された。もちろん、私は出席し、講演発表した。

一九六七年——二つの研究

繰り返すが、イトヨは一九三〇年代にティンバーゲンらが明瞭に示した、求愛の行動連鎖のモデルによってよく知られた魚である（図16）。日本でも高校の生物教科の副読本に載っているくらいだ。それ以来、エソロジー、形態学、生理学などの分野でもっとも研究されてきた魚類の一種である。ただ、研究方法や調査現場での困難さもあってか、これらの成果に比べ生態学的研究が立ち遅れていたことは否めない。しかし、一九六七年という年は、トゲウオ学にとって記念すべき二つの研究がされている。

一つはハーゲンさん（ブリティッシュコロンビア大学）のカナダ西岸のリトルキャンベルリバーという小

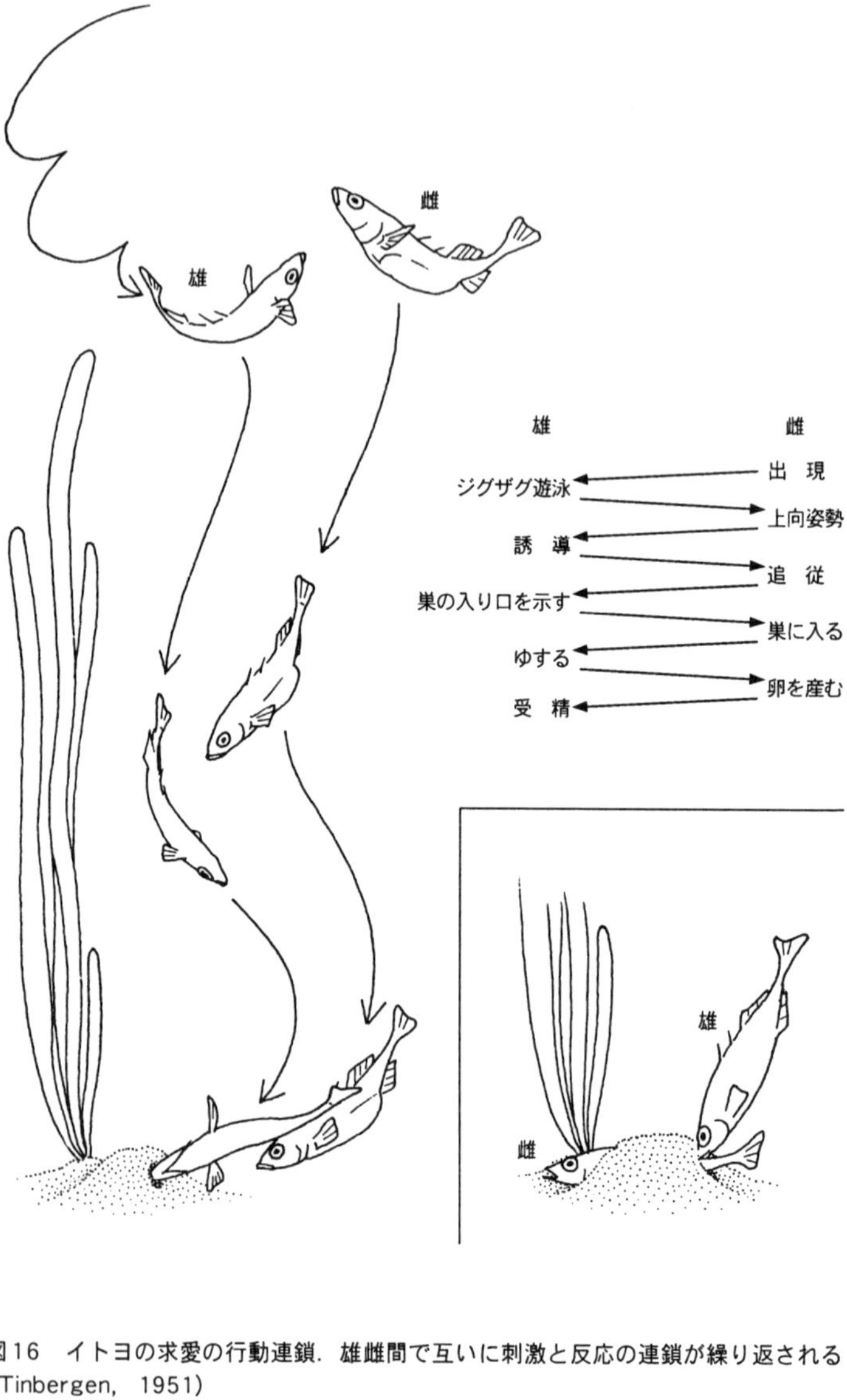

図16　イトヨの求愛の行動連鎖．雄雌間で互いに刺激と反応の連鎖が繰り返される（Tinbergen, 1951）

写真8　リトルキャンベルリバーの下流域（1992年）．この辺りは，遡河型の産卵域に相当する（小川裕久撮影）

河川に生息するイトヨ類にみられる、形態や生態の二タイプについての進化学的観点からの研究である（写真8）。この川の中流では遡河型と淡水型が同所的（sympatric）に繁殖するが、交配を互いに避けて生殖的隔離が認められるというものである。これをもって両型はそれぞれ種として独立であることを主張する契機となった。トゲウオの生態学・系統学を研究対象にする人にとって、必須アイテム的論文となっている。これはイトヨ属の分類学にも新しい展開をみせる発端となった。

　また、これは野外で本格的にトゲウオが研究された最初であるといっていい。ティンバーゲン以来、エソロジーという研究の性格もあり、トゲウオ研究の現場は室内の水槽内実験ばかりであったからだ。彼は種分化をテーマに多くの業績を残している。彼の仕事はその後、ブリティッシュコロンビア大学から次々に輩出される種分化に関する研究の礎石となった。そのグループによって現在も活発に、かつ発展的な論文が発表されている。一昨年から私も、日・米のイトヨ属の行動と系統の関係に関して、そのチームと共同研究中である。

もう一つは、オランダのJ・A・アセムさん（当時ライデン大学）の『*Behaviour*』誌に掲載された一六四ページにものぼる大論文である。スニーキングという現象のもっとも早い記述の一つでもある。これは長さ六メートルの大水槽を使用したりして、ある程度自然状態に似せて複数個体を対象にできるよう工夫されている。彼の研究はオランダにおけるティンバーゲンからのイトヨに関する行動研究を体系付けた画期的なものである。トゲウオの行動研究をやる後進は、必ずこの論文を読みこなさなければならないといってもよい。

ヨーロッパ滞在中に彼の案内でライデン市内を回ったが、その際、お邪魔した彼の家はまさにオランダで代々続くお城であった。バスで行った私は、道路筋に立てられた表札（停留所でなく）の所で降りた。あたりは木立が茂り、並木道をしばらく歩いてから建物が見えた。周辺に家屋は見あたらなかった。家の周囲には小さい堀が巡り、古い石造りの三階建ての屋根に観音扉の窓がいくつもあった。大きく分厚い木製の扉を開けると、高い天井で広い玄関ホールには代々の家主の肖像画が掛けられていた。緑濃い草原には焦げ茶色をした小川が縦横に巡っていた。多くのイトヨが遡河してくるという。こうした家庭環境でアセムさんは育ち、研究の礎を築いてきたのだなあとストレートに実感した。

ここにヨーロッパの伝統の深さを、貴族の余裕の産物という性格をもつ、また道楽から生起したという科学の一面をかい間見たような気がした。確かに彼は研究一筋の学究の徒というより、余裕あるユーモアたっぷりの機転のきく紳士であった。そんな西欧スタイルやその装飾物に参ったかのような印象を受けたのかもしれないが、その歴史と余裕には今も羨ましいと正直に思う。ティンバーゲンも来たことがあるというこの家庭環境は、私にもとても快適であった。

ウォートンさんのこと

私はウォートンさんに先のシンポジウム開催の前に会ったとき、あなたの研究に大変興味がある、とややカン高い声で言われた。その意味の多くは、野外研究が少ないので、お前のとるデータは貴重だということらしい。これは、あなたの根気と体力に興味がある、と言われているに等しいのかもしれない。まあ、それはともかく、行動の進化的な意味を考えるさいに重要なことは、まずもって野外での自然状態の中で、その行動がその個体や種の生活全体の中でどのような意味をもつかを把握しなくてはならないことだ。彼は、「進化というものは水槽の中では起きないからね」とも言った。

実は、私は「行動の進化」にはさほど関心がないのだが、彼のその言説をもちろん、そのまま鵜呑みにはしていない。水槽の中でだって、進化現象を説明するのに有用な実験はできる。むろん、彼はそんなことを問題にしているわけではない。ただ、一定の生活史と個体数をもつ個体群として種の分化自体は、水槽の中では起きないということだ。野外研究の重要性を強調したいにすぎない。しかも、これからは従来以上に、これまで数多くなされてきた室内実験の検証という意味も含めて必要とされるということだ。

彼は、一九七六年と一九八四年にトゲウオ学としての大冊を出しているし、魚類生態学のテキストも何冊か刊行している。私は彼の的確な仕事の内容を尊敬している。ヨーロッパでは大家の一人となっているが、当人の人柄はまったくそのような威風はない。破天荒という意味でもまったくない。静寂を尊しとする学究肌の物静かな紳士という感じなのだ。上下のジーンズを適当に着こなして、不精髭を蓄えている。今でも忙しい中、原稿を校閲していただいている。その中のいくつかはひょっとしたら、〝Wootton and Mori〟という主客転倒の形で共著発表したほうがいい（？）のかもしれない。

トゲウオ研究の今――一九八〇年代から

一九七〇年代に入ってようやく、イギリスとアメリカで野外でのイトヨ類の生態・行動があきらかにされてきた。さらに、一九八〇年以降、カナダや日本において、イトヨ類の行動・生態学的な研究が精力的に報告され始めた。一九六〇年代後半からカナダ西部では、ハーゲンさんやマックファイルさんがリーダー的存在となって生態・系統学的研究が始まった。一九八〇年代になると行動の実験を加えた系統研究が精力的におこなわれるようになった。最近では、さらにシュルゥターさんらによって、種分化の要因について考察されるようになってきた。

いっぽう、東部のケベック州のほうでは、フィッツジェラルドさん（一九九四年に四〇半ばにして逝去）を中心に、野外と室内実験の両側面から行動生態学的研究が進んでいる。ただ、彼らの研究は、今あるほんの一部にしか過ぎない生活様式（多くは、子孫を残す上で重要とみなされる行動）の適応性をすこぶる合理的にとらえて、損・得仮説をあまりにも合目的に立証しようとするきらいがある。この仮説は行動の進化というものを、経済学が使用した意味合いでの軍事用語〝戦略〟の結果として把握している。詳しくは、和訳もされているクレブスさんとディビスさんのテキスト（『行動生態学』第二版、蒼樹書房）を参照されたい。すでにテキスト化されているという意味で、この概念は生態学やエソロジーの一般常識となっている。

系統に関する研究も、単にいくつかの個体群に対して生化学的な手法で近縁関係を示すデンドログラム（樹状図）を描くだけで終わるのではなくて、生態や行動との対応を包含して群間の関係を調べあげ、進化現象に切り込もうとしている。たとえば、カナダのマクレナンさんの仕事は秀逸である。それは行動生態学を充分に射程に入れながら、イトヨの個体群間で求愛行動の差異を比較して系統関係を見直し、種分化の過程を理解しようとするものである（図17）。これはかつてローレンツやコルトラント（一九四〇）がガン科の威嚇行動（だけ！）の行動目録（エソグラム）を種間比較して、系統のデンドログラムを描いたことに似ている。しかも、それはそれまでの分類に修正を強いるものであった。

いわゆる伝統的なエソロジーも進展をみせている。それは、個体の行動を即、進化的にとらえようとするのではなく、また行動の結果としての生態的意味を第一に考慮するのでもない。つまり、個々の行動目録（たとえば、犬において、吠える、鼻に皺をよせる、牙をむく、尻尾を振るなどの行動レパートリー）間の順序関係や、個体間関係におけるある行動の社会的意味を解明するエソロジーが新たな展開を始めている。しかしながら、そうしたエソロジーは少なくともわが国においては、若干の行動目録の記載程度のことはあるものの、古典的エソロジーの範囲にとどまり現在も皆無に近い。むしろ、こうしたエソロジーは心理学や社会心理学など文系の学科で関心をもたれて、サルやネコ、ネズミを用いて実験されている。しかしながら、それらの多くは、人間の心理学のための実験動物という枠組を出ていない。それらはどこかに、ケストラー

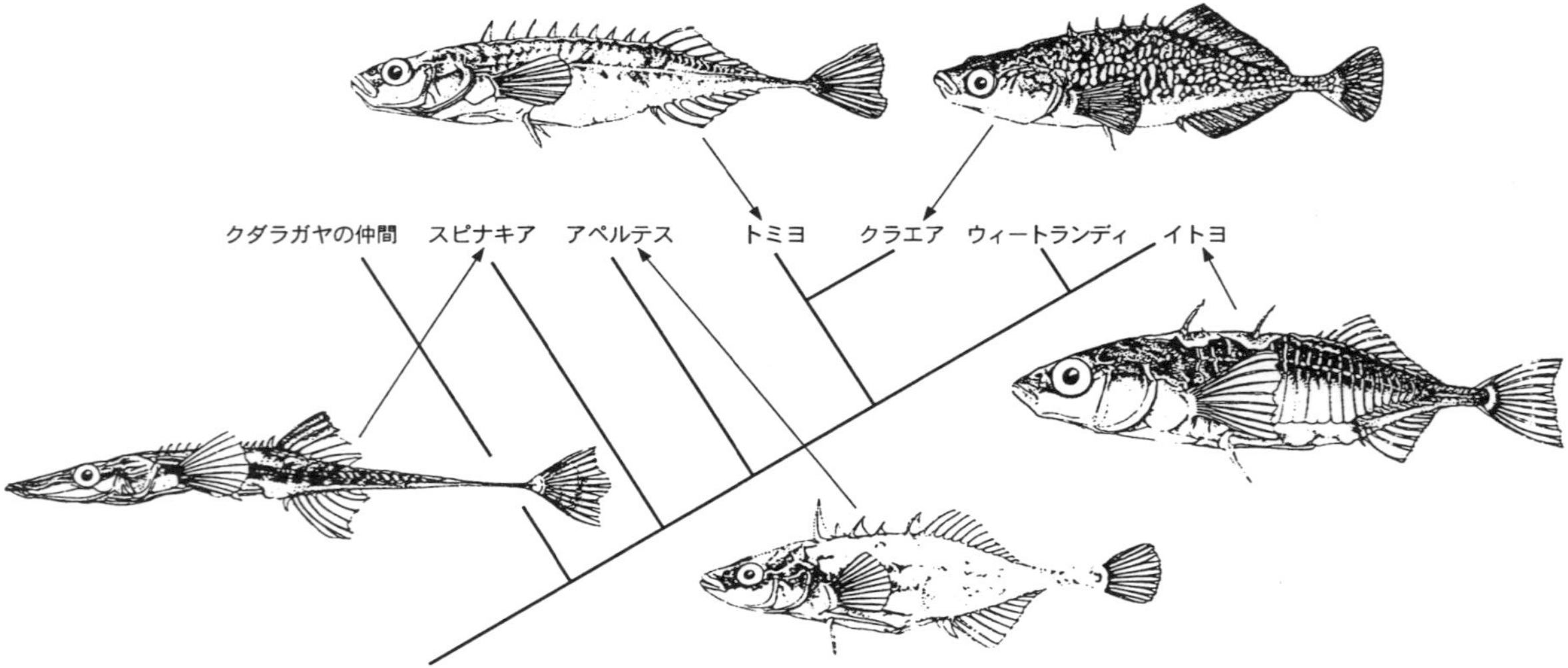

図17　トゲウオ科5属における求愛行動からの系統関係（Wootton, 1984とMcLennan, 1987より作図）

（『機械の中の幽霊』、ぺりかん社）のいう擬鼠主義（人間行動をネズミを使った実験結果を短絡的に導入し、応用的に説明する）になりかねない危険をはらんでいるものがある。

隣人の存在

他個体の存在が個体の行動にどのように影響するかという研究が、カリフォルニア大学のピーケさんによって一九六〇年代後半から現在まで地道に独歩されている。彼の研究発端は一九五〇年代後半のハインドさんにあると私はみている。それは私も同様で、研究を開始する際の命題はハインドさんに負うところが多い。ハインドさんはエソロジーの成長期（一九五〇、六〇年代）に、ヒトやサル、トリの社会行動や個体間関係を題材として、動機づけと行動の発達という観点を中心に据えながら論陣を張ってきた。最近も、執筆したり、本の編者となったりして現役で活躍している。

ピーケさんはたとえば、水槽を透明板で二つに仕切り、双方に一個体ずつ成熟雄を入れ常に隣人がいる場合（a）と、いっぽうにだけ雄個体を入れた単独の場合（b）というセットを設定した。仕切られた水槽内で雄はナワバリを形成し、他個体に対し攻撃的になっている。（a）の場合は最初のうちは隣人に対して攻撃頻度が高いが、しだいに減少していく「順化（Habituation）」現象がみられる。この順化というタームが彼のキイ・ワードだ。さて、（a）と（b）それぞれの実験雄が造巣をしたところで、巣から二〇センチのところへガラス管に入れた雄を近づけた時の、攻撃頻度の時間的変動を調べた。すると、両セットの営巣雄のガラス管の雄への攻撃は時間とともに順化して減少するが、（a）のその頻度や程度は単独の（b）の場合より

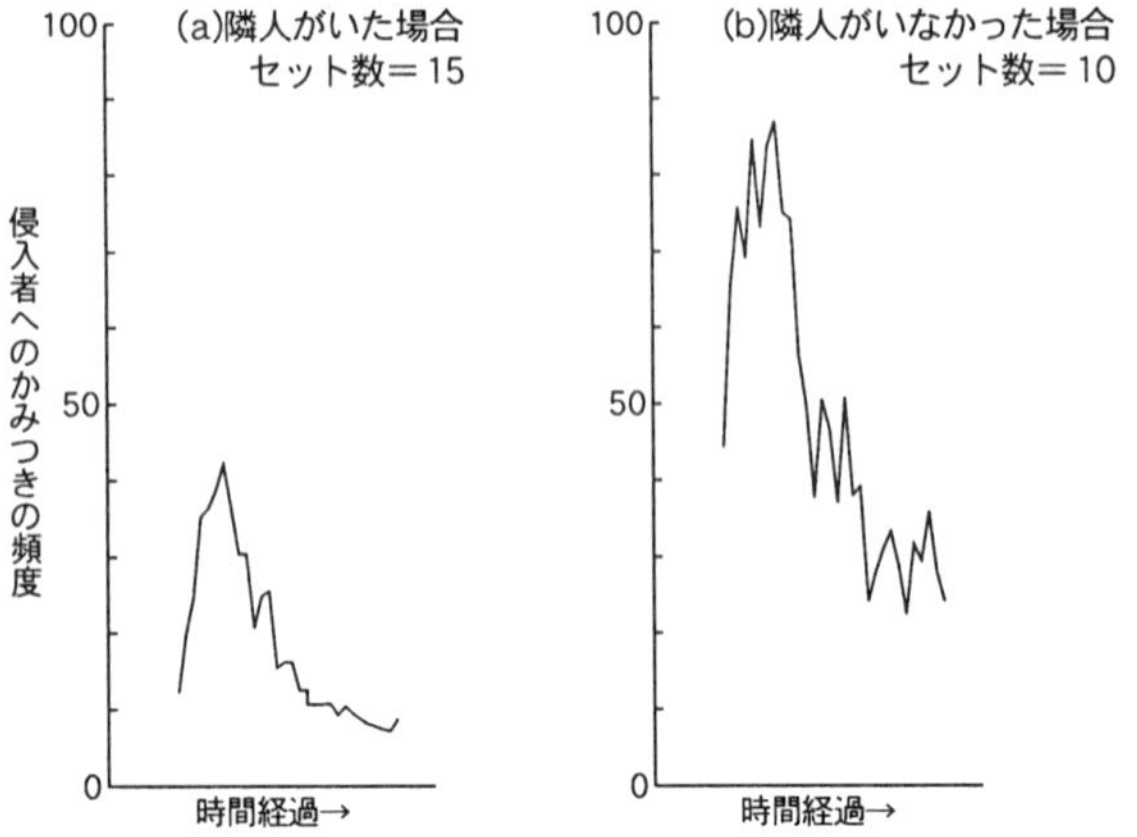

図18　隣人がいる場合といない場合の攻撃頻度の差異（Peeke & Dark, 1990を改変）

ずっと少ない（図18）。攻撃相手がいない場合は常にいる場合よりも、有意に侵入者に対して攻撃的になっているわけだ。つまり、隣人の存在が攻撃のはけ口となり攻撃衝動のレベルを下げ、その程度を抑制させることを意味する。ただ、（a）の場合、ガラス管の雄を除去したあとは、隣人への攻撃頻度は急に上がる。ガラス管の雄への攻撃衝動が、順化したはずの隣人に対して向けられたのである。

こうした他個体から影響を受ける社会的行動を介して形成される二個体間の関係過程は、現在の私の最大の関心事でもある。私は行動の機能性（自己の子孫をいかに多く残すか、自己がいかに長生きもしくは健康体であり続けるか）の経済的な損得の程度ではなく、行動発現において他個体の存在や役割とはどのようなものであるか、また個体間において、いかなる形で行動を通じて相互作用し関係が形成されていくものかを理解したい。つまり、複数個体を同時に観察対象とし互いの共時的な行動を通じて成立する社会的な相互関係を、一つのまとまった構造として一括して把握できればと思っている。

第三章

ハリヨの世界から

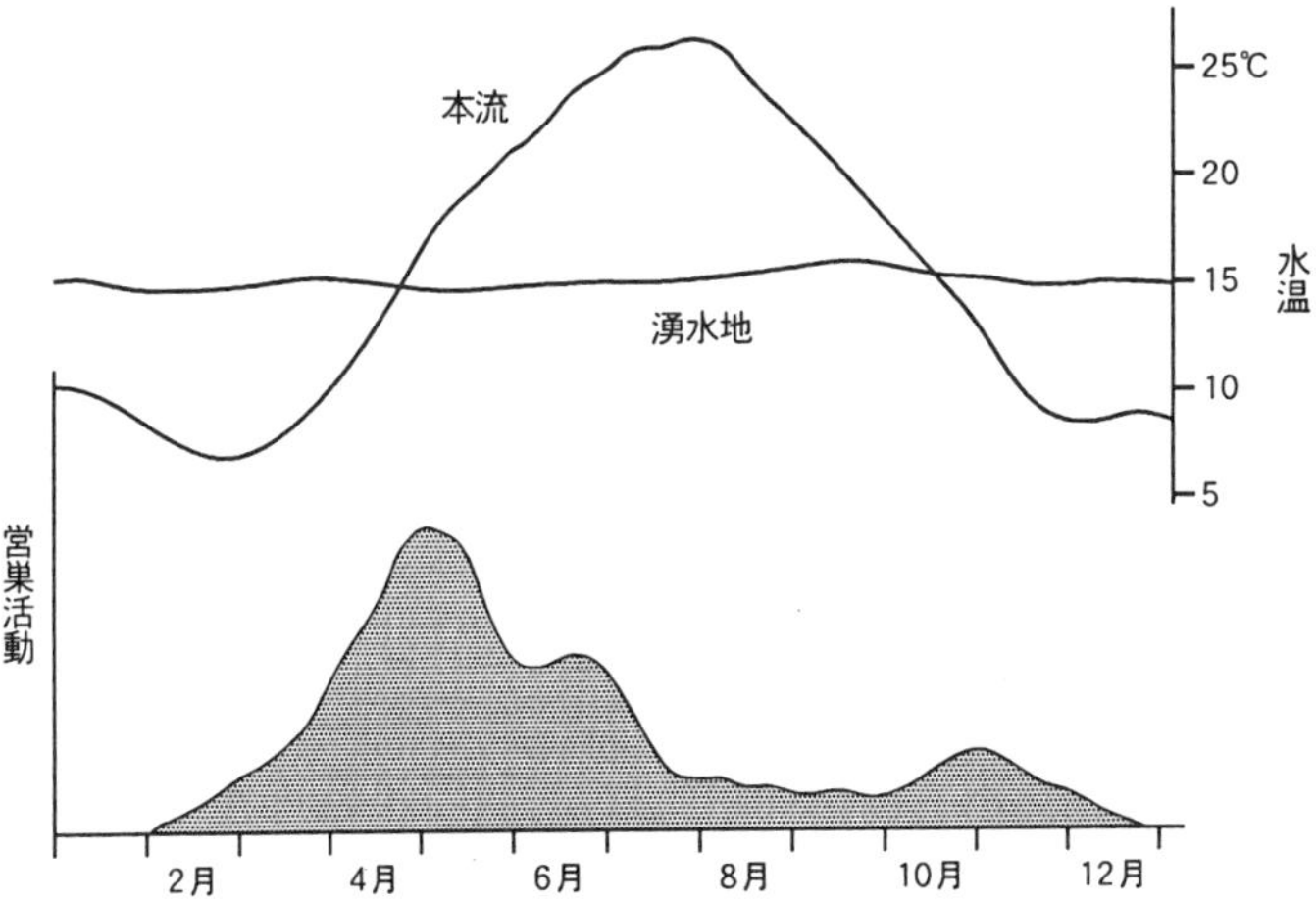

湧水と本流における水温の年変動とハリヨの営巣活動の周年性

ハリヨを含むイトヨ類の形態や生活史の変異における系統関係を解明する研究は、分類学や形態学的な側面だけでなく、生態学的にも興味深い話題を提供している。ここでは、できるだけ多く生残する卵のあり方に関する適応論的な議論を少しばかり紹介し、特に、どのように自己の子孫を残しているかの繁殖生態を中心に、かつ地理的変異を含めてあきらかにしておこう。

一、卵をめぐって

大卵少産か小卵多産か？

生物個体は自分の子孫をより多く残すように振る舞う。そうでなければ、その個体の血筋は近々に途絶えてしまう。だとすれば、雌は手っ取り早い方法として、卵をできるだけ多く産むように振る舞うべきだし、そのほうがお手軽という点で有利である。多くの卵を産むようにする方法として、単純に体のサイズを大きくさせればいい。実際に、体サイズの大きい個体は小さい個体よりも多くの卵を産むことが一般的である。でも、体サイズは無限に大きくなりえるわけではない。ハリヨもクジラのサイズになれば、さぞかし多くの卵をもつことになるだろう。ちなみに、ハリヨ雌が体長二〇メートル（＝二〇〇〇センチ）のナガスクジラと同じ場合の卵数を換算してみると、約六〇万個にもなる。しかし、言うまでもなく、それはまるで別の生き物であるにちがいない。

とするならば、卵のサイズを小さくさせることによって、数を多くする方法がある。一つの箱に入れるボー

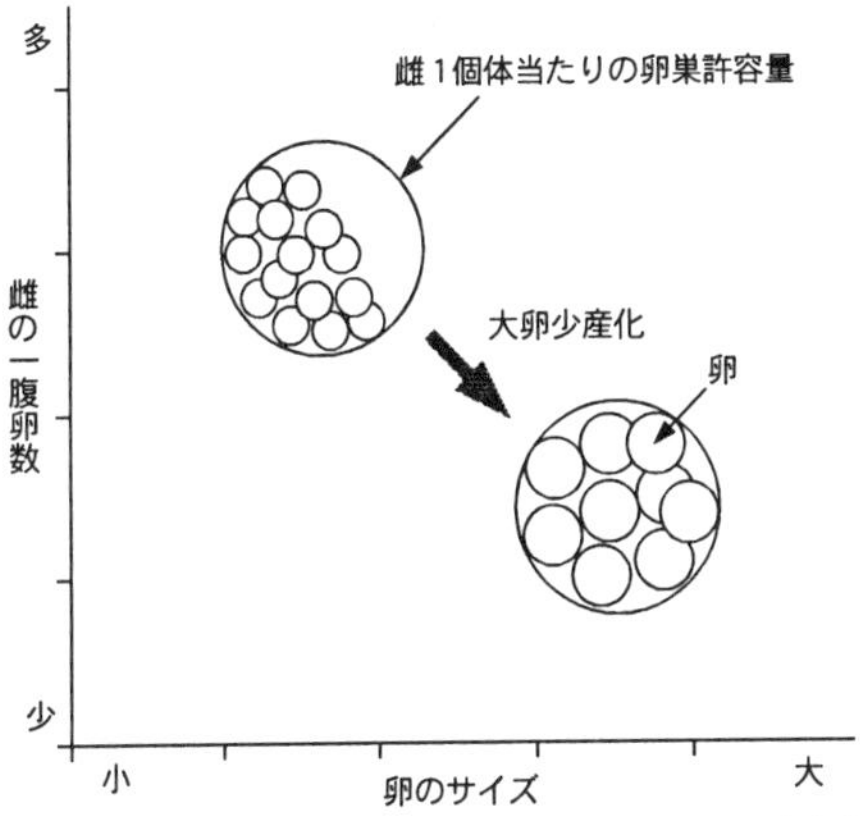

図19　卵サイズと雌の一腹卵数への投資のあり方．卵がもてる許容範囲が決まっている以上，卵サイズが大きくなれば卵数が減少し，小さくなると卵数は多くなる

ルを小さくすれば、より多くのボールが入るというわけだ。しかしながら、魚の場合、小さい卵から孵化した仔魚は、栄養分の貯蔵庫である卵嚢も小さく、それは餌の少ない厳しい環境には弱いとされている。つまり、小さな卵から産まれる小さな子供は、より大きな子供より生き残り率が悪いことがあるのだ。要は、産まれた子供たちが充分に生存することこそが、親にとっては肝要である。いかにできるだけ多くの子孫を残すことができるかが、生態的な価値の重要な尺度となる。だとすれば、やり方を一八〇度逆転させて、一個体でもいいから親より少しだけ小さい最大限の大きい子を産むというやり方も、その適応という尺度としては充分に意義があることになる。

もちろん、当然ながら、一個体は卵を無限にはもつことができないし、親と同じサイズの一個の卵は産めないため、ここで卵数とサイズには微妙なバランス関係が生じる（図19）。すなわち、卵は大きくなれば数は少なく大卵少産となり、逆に卵が小さくなれば数は多くなる小卵多産という産卵のやり方となる。このバランスがどのように決まるかは、種や個体群によって差異がある生活史や繁殖生態のあり方によって異なる。この卵サイズと数における相反する現象は「トレード・オフ」と呼ばれ、有限な体サイズの範囲内で一種の取引き関係が形成されているのである。このように繁殖特性間の関係に見られる、いっぽうが増えれば他方は減じるというバランスの上で、いかに効率的に多くの子孫を残し得るかは、その生物が置かれた状況において適応的に決定される。いわば、親個体は最適に子孫を多く残すために、自分のエネルギーを投資するよう振る舞うという前提が生態や行動の進化を見る大きな視点となっている。

大きい卵を少なく産む

この大卵少産‐小卵多産は生物学的論点として成立して以来、特に鳥類や魚類で多くの現象的な記載がなされてきた。だが、この卵サイズと数の変異の説明は多くの場合、けっきょくのところ状況証拠の列挙にとどまっている。それらはある傾向を示してはいるが、緯度や海‐汽水‐淡水下流‐淡水上流という順に、大卵少産化していく傾向がみられることによって多くは推測されているのが現状である。

魚類の卵数とそのサイズの生態学的な意味付けは、一九四〇年代から論じられてきた。一九六〇年代の後半以降、生態学の論点の一つとしてマッカーサーとウィルソン（一九六七）やピアンカ（一九七〇）がr淘汰およびK淘汰の概念を用いて提案したr‐K戦略説の論議も受けて、魚類においてもいくつかの議論がされてきた。その集団が環境収容力より低い密度にあり、適応度が密度の影響を受けない条件下である場合（r淘汰）、それは内的自然増加率rで示される。いっぽう、環境収容力Kに近い密度で維持される集団条件で生じる淘汰をK淘汰という。この論点を簡単に言ってしまえば、比較的穏やかな安定した環境下では、大きい子を少し産むようになり、その生物はK‐戦略者とされる。種内競争は厳しいことが多い。いっぽう、環境が厳しい場合は小さい子を多産し、それはr‐戦略者とされ、競争は通常穏やかである。安定的な環境か、急激な変動をする環境かに対して、生物がその限られた資源量をどのように利用するかに二つの方向性があることを示したものである。ただし、この類型化には多くの批判が提出されているのが現状である。いずれにしても、繁殖形質に関する数と量のトレード・オフは、その集団が置かれた環境に大きく影響を受けることの指摘は重要である。

大きい卵からは大きい仔魚が誕生する。そして大きい仔魚はより早く一人前になれる。だから、川のように変動が大きく不安定な環境下でありつつ、生息密度が環境収容力により近い場合は、より早く独り立ちできる大きい卵を産んだほうが都合がよいと説明される。この説明は、魚類の近縁種や個体群の間で検証することができる。実際に、近縁関係にある遡河型（もしくは、海と河川を行き来する両側型）から淡水型への生活史の進化に伴い大卵少産化が認められる。たとえば、サケ科、アユ、ヨシノボリ、チチブ、カジカ類、イトヨ類などの魚類で、わが国でもよく知られている現象である。これは日本では愛媛大学の水野信彦さんが一九六三年に、ヨシノボリとカジカを題材にして報告したのが始まりであろう。北海道大学の後藤晃さんによれば、淡水型は河川環境に適応してまず大きい卵になった結果、より少しの卵を産むようになったとされる。卵が大きくなるよう淘汰が働いて、その結果、卵数が減少したわけである。

淡水域で生活するハリヨやイトヨも、祖先系とされる遡河型イトヨに比べ、卵のサイズは大きいが、雌一尾当たりがもっている卵数は少ない。遡河型と比べて、いわゆる「大卵少産」のやり方となっている。いっぽう、魚類における「小卵多産」の典型はマンボウである。マンボウは二億以上もの小さな卵を産むという。その浮遊する小さな卵は、ほとんどが捕食されてしまう。こうした二つの方向性はエビなどの甲殻類、鳥類や哺乳類においても報告されている。以上のことからすると、親と比較して相対的に大きい一個体を産み大事に世話をするという人間こそが、大卵少産の最たる生物であると言えるだろう。

卵サイズと親の世話

大きな子を少し産む際には、その生き残る割合を上げなければならない。もちろん、大きくして産むこと自体に生残率を上げる効果があるわけだが、それをまた、あるいはさらに、親による子の保護によって高めることができる。ここで子を大きくして産むというより、産まれた後の保護によって生残を確保する場合、それは「少産保護」とも言われている。保護があるかないかで子の大きさが決まり数が決まるというわけだが、この行動特性の有無は比較的遠縁の種間比較を前提とすることになる。しかし、二者択一的に保護があるかないかでは単に二つの類型にしかならず、方向性は示し得ない。問題なのは、保護する種もしくは属内の個体、個体群や種の間で、その能力が高いか低いかの程度なのである。

ここで示す遡河型イトヨ、淡水型イトヨ、ハリヨの三タイプはイトヨ属内の近縁関係にあり、もちろんいずれも雄がナワバリをもち営巣し、雌に産卵させ育児するという繁殖様式をもっている。トゲウオの仲間で特徴的なのは、雄の営巣行動や営巣回数、ナワバリ行動、雌との配偶回数、育児行動などが雄の繁殖成功（＝

自己の子孫を残すこと）に重要なウエイトを占めるため、雌が持つ卵のサイズと数ばかりに繁殖の問題を終始しておくことはできないことである。つまり、遡河型イトヨに比べハリヨの雌は大きな卵を少なく産むが、繁殖成功は雌の卵のサイズと数ばかりで左右されるのではない。雄がどれだけの雌と配偶し、どれほどうまく子の世話をするかということも、繁殖成功に多大な影響を与える。これは保護や営巣への親の投資量において、個体群間での差異があるかどうかを確かめる価値があるというものだろう。

育児保護されるトゲウオの卵にとって、繁殖システムや親の保護も環境の一つであると考えれば、その保護や育児行動の程度が弱いことは厳しい環境条件といえるだろう。したがって、この場合、卵サイズは親の保護や配偶パターンによっても影響を受けるだろう。だから、あまり保護しない親の存在も、大卵化に作用する一つの要因となるかもしれない。たとえば、最近、カナダで報告された白いイトヨ（white stickleback）は巣内に産んだ卵の保護をしないが、彼らはひょっとしたら卵サイズは大きいかもしれない。数年前に、私はこれを研究したブロウさんにビデオで見せてもらったのだが、この白い婚姻色は水上からもよく目立ち、鳥などの捕食者にとってはいい目印になるほどだった。なぜ目立つ白色であるのかの充分な説明はなされていない。

卵のサイズと数も、繁殖行動も、ある環境下で適応した結果である。もちろん、卵自体と繁殖様式とに同じ淘汰が働くというわけではないが、繁殖の成功、つまりどれだけの子孫を残すことができるかは、卵数やサイズの問題ばかりでなく、イトヨ属にとっては配偶の方法や保護などの繁殖行動の問題でもある。それは個体群間での卵サイズの変異をもたらすこともあろう。言いかえれば、卵の数とサイズの変異は雌の都合によるばかりでなく、雄の営巣、育児行動によっても同程度に影響を及ぼされると思われる。その証拠付けはまだ不充分ではあるけれども、親の行動のあり方も直接的に子のサイズと数に変化を与えるものであるかもしれない。これこそが親による保護能力の高低に応じて、少産もしくは多産になる論理に沿ったものであるだろう。

繁殖への努力

では、イトヨ類のなかでも、子孫を残す繁殖のやり方に差異があることについて紹介しておこう。ここで扱うイトヨ類は、韓国慶尚北道と北陸地方の河川に遡るイトヨと、北海道南部の大沼と福島県会津地方の淡水型イトヨ、そして滋賀県産と岐阜県産のハリヨである。最初に、これらの繁殖の特徴として卵のサイズや雌一尾当たりの抱卵数などを比較してみよう（図20）。

淡水型はいずれも遡河型より卵径は大きく、雌の一腹抱卵数は少ない。体長（MS）と雌の抱卵数（CS）の関係を回帰直線で示してみると、遡河型イトヨ、淡水型イトヨ、ハリヨの順に、傾き（a）において大きくなる（一次関数式の $CS = a \cdot MS + b$、それぞれの a 値は一・六一、二・四九、二・六九）。この関係は前者と後二者との間に有意な差がみられた。卵径は個体の体成長にともなって大きくなる傾向はなかった。遡河型イトヨの抱卵数が多いのは、体長が大きく卵をもつ容積もその分大きいのだから当然といえる。しかも卵径が小さいので、遡河型イトヨはより多くの卵を持つことができる。いわば、遡河型は小さく生まれて、海で大きく育つのである。

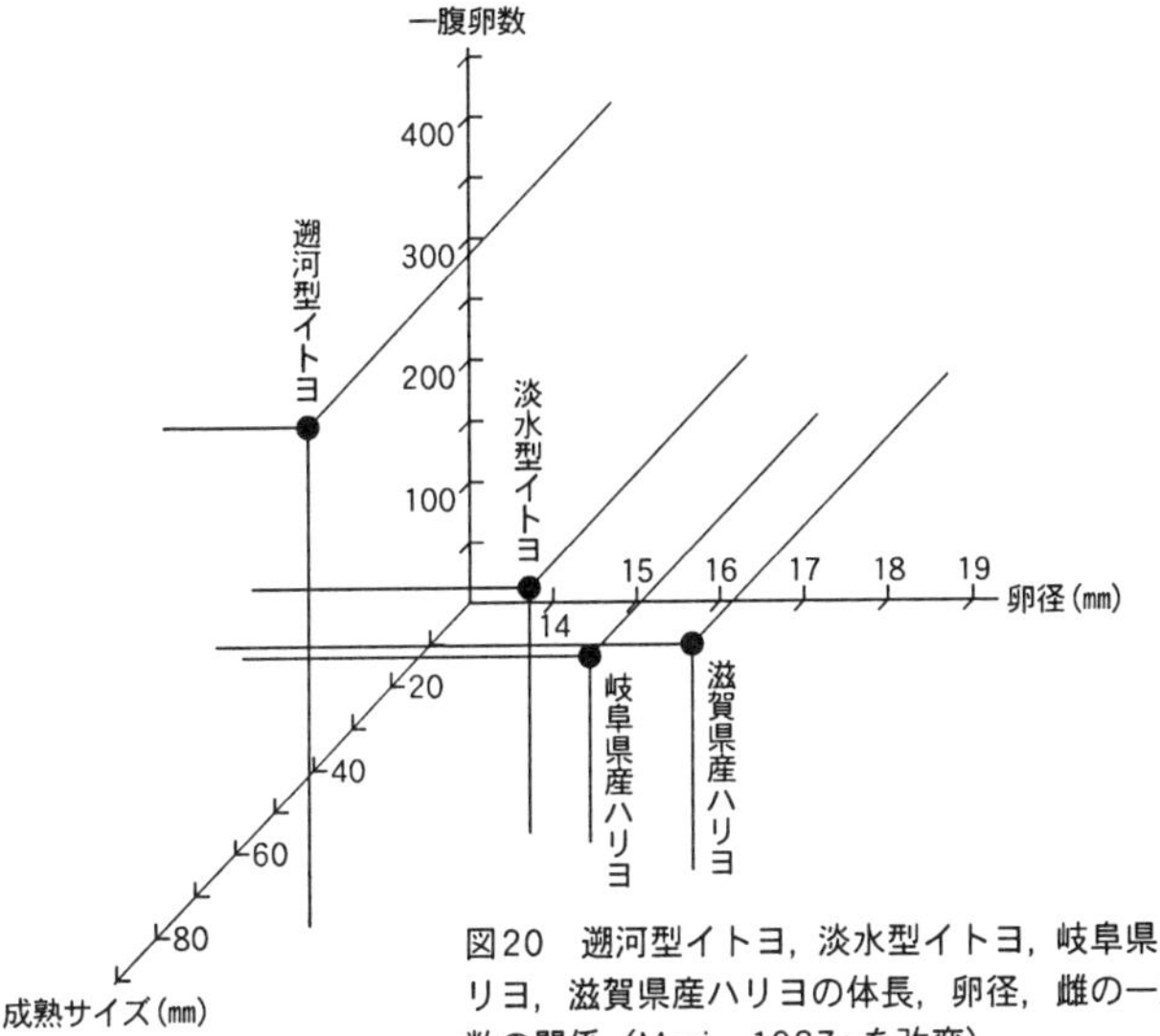

図20　遡河型イトヨ，淡水型イトヨ，岐阜県産ハリヨ，滋賀県産ハリヨの体長，卵径，雌の一腹卵数の関係（Mori，1987aを改変）

多くのイトヨ類の寿命は一年あまりで、生まれた翌年の春に繁殖しその後死亡するとされている。だから、繁殖期は一回しかないわけであるが、雌の多くはその一シーズンに複数回産卵し、卵巣卵の成熟が非同時発生型であるといえる。つまり、産卵した後にも卵巣内には未熟卵があり、次いでそれらが発達して完熟卵になるというものである。この二回以上抱卵し産卵する傾向は、淡水型においてより強いようである。

繁殖への配分と営巣回数

体重に対する生殖腺重量の比（GSI＝繁殖へのエネルギー投資量を示す指標）をみても、雌雄とも淡水型およびハリヨは遡河型より一・五倍近く大きい。小型化と相反して、卵巣・精巣の重量比の増大を伴っていることを示している。また、淡水型イトヨ（大沼産）、岐阜県産と滋賀県産ハリヨの卵サイズが遡河型と同じとして抱卵数の平均値を推計すると、それぞれ二四五個、二五六個、三五二個となり、実際の値のおよそ二倍になる。つまり淡水陸封化に伴って、卵数を半分に減らして、卵を大型化しているわけである。したがって、遡河型から淡水型への生活史の変化は単に卵数を減らして大卵化しているだけでなく、体は小さくなりながらも子孫へのエネルギー配分を増大させて、厳しい淡水条件下で繁殖力を高めていると思われる。

ところで、イトヨ類の雄は雌に産卵させるために、巣材の接着のための粘液を腎臓から分泌しながら巣を作る。その造巣時の腎臓の重量と体重との相対比においても、淡水型イトヨとハリヨは遡河型よりも有意に大きく、これは前者の営巣活動への投資の大きさを反映している。遡河型の雄の多くは繁殖期に一回だけ繁殖活動をするとされているのに対し、ハリヨを含む淡水型イトヨ類の雄の多くは孵化まで複数回、営巣することがわかっている。さらに、ハリヨにおいては、個体識別することによって三回も繁殖（営巣孵化）成功する雄を確認している。こうした複数回の営巣活動は、一年で成熟し体長わずか五〜六センチのハリヨ雄にとって、精根尽き果てるほどの甚大なエネルギー投資であると思われる。

これらと比べて遡河型イトヨが繁殖にあまりエネルギー投資しないのは、基本的に海での回遊という活動に多大なエネルギーが必要であるためと思われる。逆にいうと、淡水型は多大なエネルギーを必要とする回遊から解放されただけ、しかも体長が小さくなっただけ、その余剰エネルギーを繁殖のほうへ回し、繁殖努力を高めていると考えられる。

また、遡河型イトヨは韓国と日本という離れた地域間でも、形態、繁殖形質、行動などに大差がないが、淡水型イトヨは狭い範囲の水系間であるにもかかわらず、変異が大きかった。これは環境条件の相違や、淡水化した歴史年代の差に基づく結果であると思われる。しかしながら、これら陸封淡水化現象と種分化との系統関係への興味もさることながら、残念なことにイトヨ属の祖先型に近いであろうと考えられる遡河型イトヨの繁殖生態や生活史が、実際のところほとんど把握されていないというのが現状なのである。

二、二つのハリヨ　サイズの大小

ハリヨの天然分布は岐阜県と滋賀県にのみ局在するが、これらを調べてすぐに気がついたことがあった。しばらく岐阜県産を扱ってきた後で、滋賀県のハリヨを採集したのだが、初めて見たときに、驚くほど違うと思ったのは、体の大きさであった。デカいのだ。滋賀県産ハリヨの体長は七センチを超えることも多く、八・五センチ以上の個体を採集したこともある。これは遡河型イトヨの平均体長よりも大きい。

いっぽう、岐阜県産ハリヨでは体長六センチ以上の個体はあまりおらず、もしいたとしても、それらは越冬した二年目の雌個体である場合が多い。同県産で大きいなあと感じると、大概六センチ代の前半である。これまで数万を超える個体を観察し計測した岐阜県産では、体長六・九センチの個体が最大であり、しかもこれは岐阜県産では断突に大きい。繁殖に参加する最小個体も、岐阜県産ハリヨのほうがあきらかに小さい。この体長の差は何によるのだろうか。

概して、滋賀県産のほうが岐阜県産よりも長生きする。とすると、滋賀県産ハリヨは一定の時間当たりに

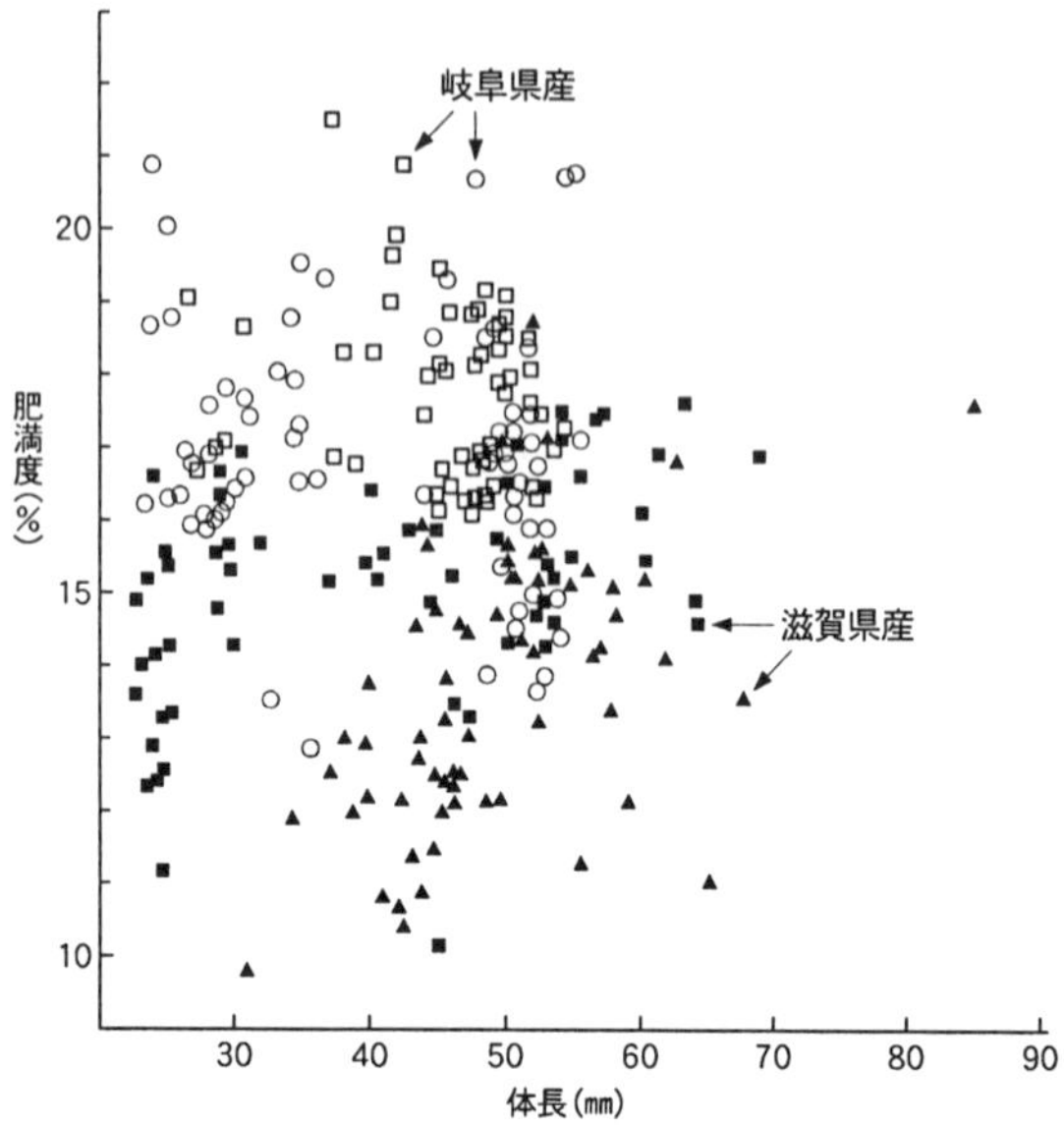

図21　ハリヨの岐阜県産2カ所（白ヌキ点）と滋賀県産2カ所（黒点）の肥満度比較

成長する割合が特に高いのではなく、長寿のゆえ成長を続け、体長が大きくなるのかもしれない。

岐阜県産ハリヨの体形は滋賀県産よりズングリして体高比が大きく、また頭の割合も大きい。それに対して滋賀県産ハリヨはほっそりとした体形である個体が多い。それは肥満度をみてもあきらかに滋賀県産よりも岐阜県産のほうが高く、ズングリさが増していることを示している（図21）。もちろん、トミヨほどではないけれども。また、繁殖特性のうち、たとえば卵巣や精巣などの生殖腺の体重に対する重量比はあきらかに岐阜県産のほうが大きく、滋賀県産よりも繁殖への投資量が多い。つまり、岐阜県産は個体の成長よりも繁殖へエネルギーを使い、その結果、単位時間当たりの成長率が異なるのかもしれない。いわば、岐阜県産は子孫に対するエネルギー配分がより多く、個体の成長への配分が少ないのだろう。

さらに、岐阜県と滋賀県のハリヨの間には、外部形態の変異が認められた。その差異の一つが、繁殖期になると雄に現れる婚姻色である。一般に、イトヨ類は頭部の赤色や体側の青色の婚姻色は腹側の下半分にあり、真上からはさほど目立たないようになっている。

色違いと鱗板

滋賀県産ハリヨの雄の多くは頭部が赤褐色で、体側が緑色っぽくなるが、岐阜県産ハリヨは頭部の赤色の範囲が広く、光沢のある青い体側になる。見た目は、岐阜県産ハリヨのほうが明るい感じである。婚姻色が雌の獲得に効果があるとすると、岐阜県産のほうがあえて言えば、〝男前〟が多いことになる。後述するが、この婚姻色の違いには環境の差が反映していると考えられる。滋賀県産ハリヨの生息地は浅く開けた止水域があまりなく、ほとんどが岸沿いや藻場帯の脇か、あるいはその中で営巣している。そうした営巣環境では派手な婚姻色はあまり意味がなく、それよりも目立つことを避けたいためと思われる。滋賀県産の生息地では捕食者の密度も高く、いわばトミヨのように捕食者対策としても隠蔽色になるように淘汰されたのかもしれない。

ハリヨを含むトゲウオの仲間はコイやフナのような鱗ではなく、鱗が縦につながり板状の鱗板が一列だけ体側に沿って付いている。イトヨは三二枚から三四枚の鱗板をもつが、ハリヨは前部に数枚しかない。岐阜県産ハリヨと滋賀県産ハリヨの鱗板数はいずれも六枚の個体が最多であったが、平均数は前者よりも後者のほうが多かった。岐阜県産ハリヨは五～六枚の個体が多いのに対して、滋賀県産ハリヨは六～八枚のものが

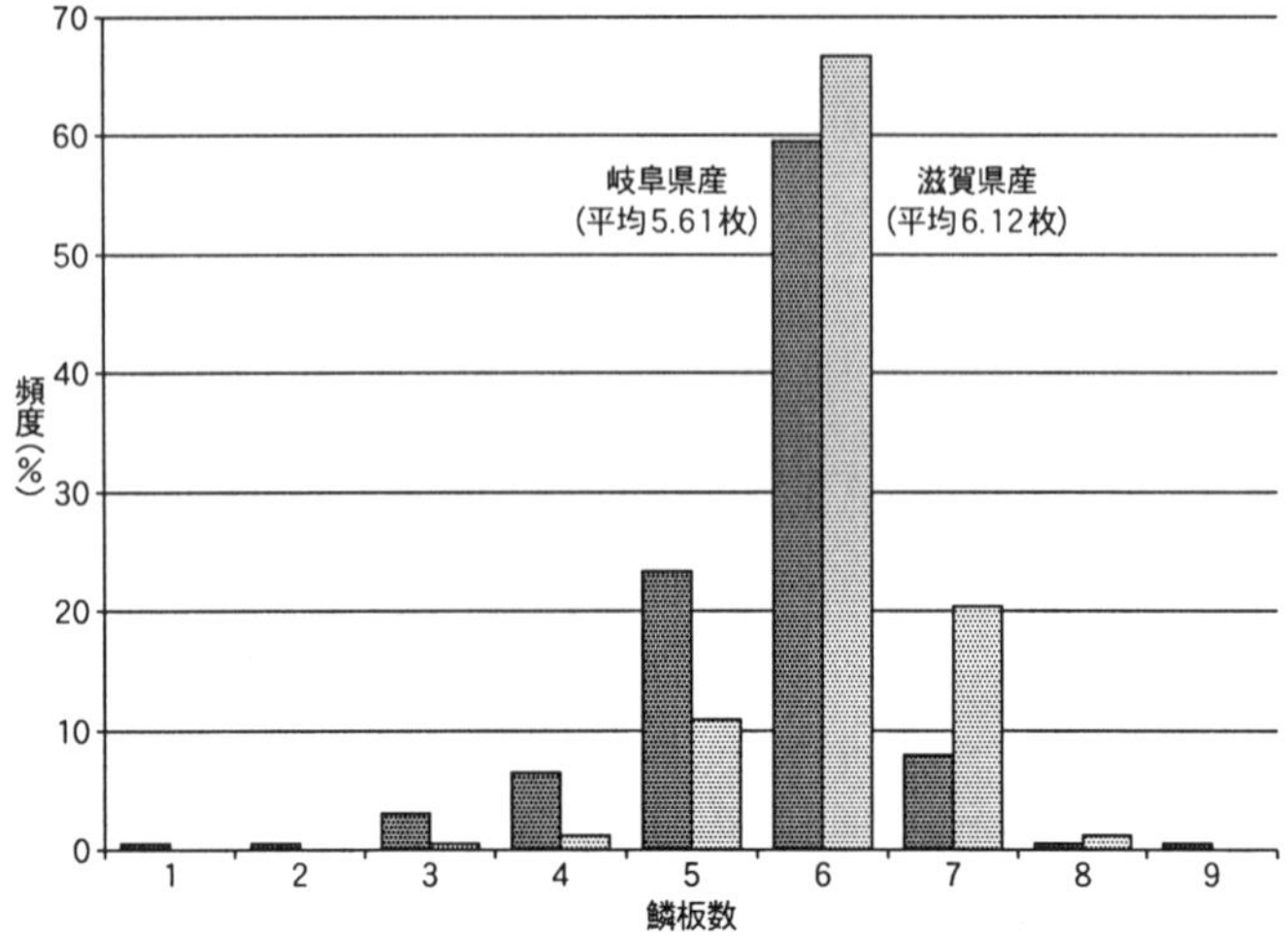

図22　鱗板数の両県産の比較（Mori, 1987bを改変）

表2　各個体群の鱗板数の変異

生息地			鱗板数											総計	平均(偏差)	尾柄鱗のある割合(%)
			0	1	2	3	4	5	6	7	8	9	11			
岐阜県	A川	左体側				12	18	85	337	52	1	1		506	5.80 (±0.78)	0.0
		%				2.4	3.6	16.8	66.6	10.3	0.2	0.2				
		右体側	1	2	5	7	9	91	329	61	1			506	5.80 (±0.88)	0.0
		%	0.2	0.4	1.0	1.4	1.8	18.0	65.0	12.1	0.2					
	B川	左体側		1	3	17	44	145	255	26				491	5.44 (±0.92)	0.2
		%		0.2	0.6	3.5	9.0	29.5	51.9	5.3						
		右体側		1	5	19	39	153	244	28	2			491	5.43 (±0.96)	0
		%		0.2	1.0	3.9	7.9	31.1	49.7	5.7	0.4					
	C川	左体側				1		9	46	9	1			66	5.94 (±0.63)	0.0
		%				1.5		13.6	69.7	13.6	1.5					
		右体側				1		10	47	8				66	5.92 (±0.68)	0.0
		%				1.5		15.2	71.2	12.1						
滋賀県	D川	左体側				1	4	22	142	43	1			213	6.06 (±0.66)	42.1
		%				0.5	1.9	10.3	66.7	20.2	0.5					
		右体側				1	3	20	140	49				213	6.09 (±0.64)	48.6
		%				0.5	1.4	9.4	65.7	23.0						
	E川	左体側						1	36	34	3	1		75	6.56 (±0.65)	72.0
		%						1.3	48.0	45.3	4.0	1.3				
		右体側						1	30	40	2	1	1	75	6.68 (±0.80)	78.7
		%						1.3	40.0	53.3	2.7	1.3	1.3			
	F池	左体側					1	12	95	22	2			132	6.09 (±0.58)	48.7
		%					0.8	9.0	72.0	16.7	1.5					
		右体側					2	14	87	27	2			132	6.10 (±0.65)	40.7
		%					1.5	10.6	65.9	20.5	1.5					

多い。かつ、滋賀県産ハリヨの半数近くは尾柄部にも痕跡的な鱗板が認められた（図22）。このことは滋賀県産ハリヨのほうが、祖先型に近いとされる遡河型イトヨと鱗板数においてより近似していることになる。しかしながら、かといって即座に滋賀県産ハリヨがイトヨに系統的に近いことを意味はしない。このあたりのところをあきらかにするためには、鱗板という形質の機能を生態的にも精査する必要があろう。この鱗板数については、捕食圧との関係が考えられる。つまり、捕食者の多い生息地では鱗板数が多く、少ない場所ではその数も少なく、鱗板は捕食者に対抗する手段となっている。実際に、それまで捕食者の少なかった池に新しく魚食性の魚が移入された結果、短期間で個体数が激減し、鱗板数のモード（最頻値）は同じであるものの、頻度分布の形が多いほうにずれたことが報告されている。

このようにハリヨと一口に言っても、岐阜県産と滋賀県産とでは成魚の平均体長、体形、婚姻色、鱗板数などのいくつかの外部形態において明瞭な差異があった。それは少なくとも成魚であれば、外観で容易に区別がつくほどなのである。

生態的二型

前節で、岐阜県産と滋賀県産の間には、外部形態において見た目でわかる差異があることを述べた。この両県産の間ではさらに、繁殖形質、たとえば成熟体長、卵径、抱卵数、一巣卵数、繁殖期の長さ、営巣回数などにおいてもあきらかに異なっていた。これらは論文としてすでに報告済みだ。遡河型の祖型イトヨからの淡水・陸封化を前提とすると、滋賀県産ハリヨと岐阜県産ハリヨは、たとえば、同じ卵サイズの時代があったと推測される。では、何が卵サイズの差を生み出したのか。まず考えられるのは、環境条件の相違に起因する適応である。

岐阜県の西美濃地方に点在するハリヨの生息地は、いずれも湧き水を集めてゆったりと流れる河川および湧水池やそこから出る細流である。いっぽう、滋賀県産の生息地は川の上流域で谷川景観をなしているところさえあり、河川の傾斜が大きく流れも比較的速い。本流内では伏流水が湧き出る入り江状の部分にのみ生息している。これらのことはハリヨの、特に営巣活動にどのような差をもたらしているのだろうか。

(a) 営巣可能な場所の広さを比べてみると、滋賀生息地は標高一〇〇〜一五〇メートルにあり、全体的に流れが速く礫底が多いため、岐阜生息地と比べて営巣可能な場所は著しく狭い。浅く開けた止水域があまりない滋賀生息地では、ほとんどが岸沿いや藻場帯の脇かあるいはその中でしか営巣できない。また、平地部を流れる河川でも比較的流れが速くて、伏流水が湧く護岸ブロックの下に生息し営巣する。いっぽう、岐阜県の生息地は標高二〇メートル以下の平地にあり、湧水域を中心に静水域であることが多く、広い営巣可能水域をもっている。

(b) 岐阜生息地の本流域の水温の年変動は八〜二六度であり、滋賀生息地の六〜二三度より変動が少し大きいが、大きなズレではない。しかし、湧水池の多い岐阜生息地のほうが、一五度という繁殖に適した水温の水域を広く持ち、その水温で一定した期間が長い。

(c) 滋賀生息地では、降雨によって流量や流速が急激に増大して、巣を流したり、埋めてしまったりすることがあきらかに多い。岐阜生息地でも、増水時には流れは速くなるが、湿地や湧水域ではゆっくりとしだいに水が増えるため、流されたり埋まったりすることが少ない。これは河川の傾斜の違いによる。

ⓓ岐阜生息地の湧き水が多く水温が周年一定であることは、餌生物量の豊富さと安定をもたらしている可能性がある。いっぽう、滋賀生息地では営巣地となる水域の河床変動が大きいために、餌生物量の変動もそれだけ大きいと考えられる。

ⓔ繁殖地における他の生息魚種（ニジマス、カムルチー、ヨシノボリ、ウキゴリ、コイ、アブラハヤ、ハスなど）の種数や個体数は、あきらかに滋賀生息地のほうが多い。特に、サケ科はトゲウオの捕食者として知られており、実際に、滋賀生息地で同所的に生息する同科のニジマスの胃内容物よりハリヨ幼魚が確認されている。もっともニジマスは在来の魚ではなく、近年に移入されたものである。また、大形魚の泳ぎによって巣が破壊されることも観察されている。この被害の頻度も滋賀産ハリヨのほうがあきらかに多かった。ただし、近年、ハリヨの両県の生息地にもオオクチバスやブルーギルが確認されるようになった。脅威である。

以上のようにいわば、滋賀生息地は岐阜生息地よりもハリヨの環境にとって厳しいということになろう。このような環境条件の相違は滋賀産ハリヨと岐阜産ハリヨの間に、生活史や繁殖様式に大きな影響をもたらしているものと思われる。

ナワバリサイズと巣の卵数

滋賀県産ハリヨのナワバリサイズは、営巣密度が低いにもかかわらず、平均して岐阜県産ハリヨのそれより小さい。一般に多くの動物では、雄の体サイズが大きいほどナワバリの大きさも大きくなる。しかしながら、まったく同じ環境下の生簀で調べた結果、ハリヨのナワバリサイズは雄のサイズとは関係なく、むしろその時点での繁殖への動機づけの程度に依存する。ナワバリサイズは営巣段階、たとえば卵や孵化仔魚の有無によって大いに影響を受けるわけである。つまり、営巣初期よりも、孵化間近になると巣からあまり離れずに守る空間は狭まり、当然、守る範囲は小さくなる。まだ巣をもっていない他の雄は、そうした時にできた空地にナワバリを形成することができる。

また、営巣される場所によって、大きな影響を受けることがわかっている。つまり、岸沿いよりは中央部が、また水草の繁茂した水域よりはオープンな水域のほうが、ナワバリは大きくなる傾向が一般にある。だから、滋賀県産ハリヨの小さいナワバリは生息地の営巣適地が少なく、水草帯に営巣する個体が多いことを反映しているといえる。また、水草帯での営巣は他雄との接触機会を少なくし、競争関係がよりゆるやかになると思われる。したがって、滋賀県産ハリヨのナワバリ維持に対する投資量は、岐阜県産ハリヨに比べて少ないと考えていいだろう。

では次に、実際に繁殖様式の違いをみるために、一巣当たりの卵数を比較すると、岐阜県産ハリヨは四〇〇～三二〇〇個で、平均約一六〇〇個であるが、これに比べて滋賀県産ハリヨでは二五〇～一七〇〇個、平均が約七〇〇個とたいへん少ない。ここで調べた巣卵はすでに発眼卵となったものを含んだ場合についてであり、この段階の巣を持つ雄は完全に育児行動に動機づけられていて、これ以上雌と配偶することはない状態にある。

つまり、岐阜県産ハリヨの雄は多くの雌と配偶して、巣中に多くの卵があるので一巣当たりの「質」が高く、それに対し滋賀県産ハリヨのそれは低いといえる。岐阜と滋賀の両産地間で、観察された巣全体に対する孵化成功率をみると大差ないが、一回当たりの孵化成功に伴う仔魚数には二倍以上の差が存在することになる。したがって、岐阜県産ハリヨの雄は一巣に対するエネルギー投資が、滋賀県産ハリヨの場合より大きいと考えられる。実際、岐阜県産ハリヨと滋賀県産ハリヨの繁殖努力（営巣日数、営巣回数、ナワバリサイズ）を比べてみると、前者のほうが大きい。もちろん、一巣卵数が多くなったからといって、岐阜県産ハリヨにおける卵の孵化率が特に悪くなるわけではない。

営巣の成功

営巣成功率（孵化した巣数の割合）は、両産地間では有意な差は認められず、観察されたすべての巣のうちの約二〜三割であった。営巣成功率に大きな差がないということは、逆に失敗する巣の出現率にも差がないということである。しかし、失敗する理由の内訳は異なっている。前節で述べたように、滋賀県産ハリヨと岐阜県産ハリヨの生息地の環境は明瞭な違いがあり、それを反映して巣に対する外圧も異なっている。すなわち、滋賀生息地は環境変動が大きく、営巣適地が狭く、さらに営巣地への他魚種の侵入の割合も多いため、外的な理由によって巣が破損し繁殖が不成功に終わることが多い。

いっぽう、岐阜県産ハリヨは比較的環境の安定した湧水地帯に棲むため、営巣の不成功は滋賀県産ハリヨの場合ほど外的な理由によることは少ない。すなわち、このことは岐阜県産ハリヨの繁殖不成功が、ハリヨ自体の社会構造のあり方によって生じることを示唆している。つまり、営巣密度やその場における実効性比（ある時点の実際に繁殖参加している雄雌の割合）、あるいは食卵雄や盗卵雄の出現頻度などにより影響され、雄が巣を放棄するという場合が多いのである。

岐阜県産ハリヨは一回の営巣活動で、多くの雌と番って卵数を多くする。そのため巣に対する執着が強く、営巣も長期間にわたる（成功した営巣日数の平均は二五日間。滋賀県産ハリヨは一八日間で、統計的に有意差あり）。岐阜県産ハリヨの長い営巣期間のうち、孵化仔魚の育児期間は四～一二日間であり、滋賀県産ハリヨの二～六日間と比較してあきらかに長い。この育児期間は孵化仔魚数と正の相関関係が認められる。このことは育児期間が長い分、何日間かにわたるより多くの産卵回数を意味する。したがって、岐阜県産ハリヨの一巣卵数は多くなっているというわけだ。その結果、岐阜県産ハリヨの雄は保護行動がより発達し繁殖努力を高めており、いっぽう、外圧が強い環境下で比較的粗雑な育児保護をする滋賀県産ハリヨでは卵サイズが大きく、より進んだ発生段階で孵化するに至るものと考えられる。

もし彼らが置かれた環境が厳しいとしたら、一つの巣に多くを投資することは避けたほうがいいだろう。一生懸命手塩にかけた巣を壊す外圧が多いとしたら、あまり一つの巣にこだわるのは損というものだ。それよりも、雄親は一つの巣に執着せず次々に営巣を繰り返し、子孫をより多く残すことで、繁殖成功が保証される。いわば、不慮の破損が多い滋賀県産の巣は一回の巣卵数（一巣への投資）を少なくし、営巣期間を短くして〝回転〟を速くすることによって、結果的に損失する卵をより少なくするよう補償していると考えられる。そして、一回分の繁殖営巣サイクルを短くすることで、その余剰エネルギーを体の成長に回し生き延びて、次回の繁殖に備える個体もいるのだろう。

従来、イトヨの一亜種扱いされてきたハリヨの個体群間でさえ、以上のようにあきらかな生態的二型が認められたわけだが、これらの間には遺伝的な差異も確認されている（46ページ図14参照）。さらに最近、まだ未発表だけれども、経年的な調査により、成長や年齢組成など個体群動態においても、この両県産での差異が認められた。このように一口にハリヨといっても、しかもほとんど隣接した分布域であるにもかかわらず、岐阜県と滋賀県の間では形態や生態において異なっていることがわかった。それらはそれぞれの生活の場に大きく影響を受けた結果であり、生活史の差異となって現れているのである。

第四章

“出会い”— 雄と雌の関係

岐阜県養老山地麓の調査ドーム2号館. 中には6畳ほどの湧水の湧く池がある. この中で四六時中, 個体間関係を観察する

〝出会い〟というできごとが個体の生活にとって最も大きなウエイトを占めるのは、雄が雌と出会うとき、あるいは雌が雄と出会うときと言ってもいいだろう。それは自己の子孫を残すためであり、どんな相手が配偶者となるかはその個体にとってはきわめて重要な課題となる。ここにはさまざまな変奏があり、各個体それぞれのやり方で〝出会い〟にヴァリエーションをもたせている。ある一つの種においても、すべての個体に画一的な〝出会い〟があり、同じ方法でそれを培っていくわけでもないのだ。愛のかたちさまざま、というところであろうか。

一、愛のかたち

赤い顔色

ハリヨの雄は繁殖期になると口元から下腹にかけて、特に頭部下半分が顕著に赤くなる。いわば、血色のよい顔色になるわけだ。また、胴体部分は光沢を帯びた青色になる。これは婚姻色と呼ばれる。いわば、〝花婿衣装〟であり、雌との出会いに備える。このように雄は着飾って目立つようになるが、雌は未成魚期と同様のままでほとんど変化はない。雌は雄を選り取りみどりゆえか、着飾ろうとはしない。

その色合いは生息地や雄の営巣周期の段階によって容易に見分けがつくほど異なる。生息地によって異なるというのは、岐阜県産と滋賀県産という区別ができるということだ。岐阜県産の婚姻色は概して鮮明で、体側の青色に光沢が強い。いっぽう、滋賀県産は黒緑色の色調が強く、くすんだ感じがする。

また、営巣段階による違いとは、端的に言えば、巣に卵が入っているか、いないかということである。卵をもつと雄の婚姻色がより鮮明になる傾向があるのだ。雌と一度でも配偶し卵をもつと雄は自信をもつのか、婚姻色の範囲も広がり、色も濃く鮮やかになる。雌に対してのさらなるアピールとして、効果的な作用にもなるようだ。これは雌にばかりでなく、他の雄にも関心を喚起させることにもなろう。この変化は周辺の雄たちに、自分の存在を主張しているようにも見える。

色の薄い雄は集団的な営巣地から離れた、密度の低い場所で巣を作ることがわかっている。他雄へ自己主張をする必要がないからかもしれない。そうした営巣密度が低い場所は、雌の訪問頻度も低い。そこでも雌へのアピールは必要なのだが、たいてい、婚姻色は薄いものが多い。雌へのアピールというのも、他雄との雌獲得のための競争があってこそ意味をもつのだろう。

繁殖期が進んで終わりに近づくと、色が濃すぎて黒っぽくなった雄の割合がかなり増加する。婚姻色が変化するのである。こういう黒くなった雄というのは繁殖に成功し、子育てを終わった個体が多い。まもなく、一生をまっとうする。これらは個体ごとの事情による変化である。すべての個体が個々の営巣状況に応じて色が変化するのである。岐阜県産も滋賀県産も同様である。

若い個体はまだ色がはっきりと出ないわけだが、充分に成長・成熟した個体でも色が薄いこともあるのだから、話は少々面倒である。成熟しているのに色の薄い雄は巣を作らず不特定の場所をうろうろして、なかには他の雄の巣に近づき、巣材や卵を盗んだりするものもいる。それはライバルの相手にわかりにくく、目立たないようにしているかのようである。ただし、巣持ちの雄もそういった悪さをするときは、婚姻色が薄くなる。つまり、婚姻色は個体の営巣段階（たとえば、雌と配偶して卵を保護しているかどうか）によって、また卵泥棒などの行動特性によって異なるのである。さらに、薄い色のままで死んでいく個体もある。これは寄生虫が付いているなど体調の善し悪しを示している場合がある。一言で赤い婚姻色といっても、ハリヨの〝花婿衣装〟にはさまざまな意味が暗示されているのである。

鱗がない半裸身

ハリヨを含めてトゲウオの仲間には鱗がない。とはいっても、コイ科のような平たく円形に近い鱗がないということであって、鱗に類するものはある。「鱗板」といわれる骨質の板状のものが、体側に一列並んでいる（写真9）。ハリヨには雄も雌もこの鱗板が前半身の鰓蓋の後部から五枚から七枚あるだけで、後は裸である。下半身が裸というのは穏やかではないが、ここに黒緑色の雲状模様がある。この模様は個体ごとに異なり、個体識別が可能である。これを写真に撮って私はこれまでに八五二尾分の戸籍謄本を作成し、個々の個体ごとの行動を追跡している。ただし、滋賀県産では尾柄部にも、二ないし数枚の痕跡的な小さな鱗板をもつ個体が半分くらいおり、その分イトヨに似ることになる。

ハリヨとイトヨの大きな形態的相違点は、鱗板が体側全体にあるかないかであるといってもよい。イトヨは尾柄にまでおおよそ三二枚から三五枚の鱗板が少し重なるように一列並んでおり、ハリヨのような雲状模様はない。ただし、滋賀県産では尾柄部にも、二ないし数枚の痕跡的な小さな鱗板をもつ個体が半分くらいおり、その分イトヨに似ることになる。イトヨにおいても遡河型と淡水型とでは、鱗板数が若干異なり、淡

写真9　トゲウオ科の特徴的な形態である鱗板をアリザリンレッド溶液で染色した個体

水型のほうが少ない。淡水域で生活するタイプの多くは体長が小さくて、鱗板が少なくなる傾向がある。

この鱗板を中心とした外部形態に関する研究は数多くなされており、種分化という大きなテーマに貴重な資料を提供している。たとえば、前述したカナダのリトルキャンベルリバーという川（53ページ写真8）では、鱗板の少ないハリヨ型が上流で生息し、繁殖期になると尾柄まで鱗板が続くイトヨ型が海から遡ってくる。

ハリヨ型は鱗板が少なく *leiurus* といわれ、一生淡水で生活し、いっぽう、尾柄まで鱗板が続くイトヨ型が *trachurus* である（ただし近年は、鱗板数とその配列で類型化する *leiurus* や *trachurus* は使用されなくなっている）。後者には淡水で一生を終えるタイプと、春にだけ淡水に入り繁殖し、成長期の多くを海で過ごすタイプとがあった。

さて、このカナダにある流長十数キロメートルの小河川では、ハリヨ型とイトヨ型とが繁殖期には生息域がオーバーラップする。そこはハイブリッド（交雑）・ゾーンと言われているが、実際にそれらが交雑することは有意に少なく、かなり生態的にもエソロジー的にも生殖隔離が有効に作用しているらしい。ハリヨ型とイトヨ型を交雑させた実験の結果では、その子たちの鱗板は中間的に生じることがわかっている。すなわち、体側部の胸部と尾柄部に鱗板が現れ、それらの間には鱗板がなく裸の状態となる。しかし、リトルキャンベルリバーのハイブリッド・ゾーンでは中間型 *semiarmatus* の個体の出現が期待値よりも少なく、型間で互いに避け合っていると考えられている。つまり、これらの間では、すでに種分化が遂げられつつあるというわけだ。

イトヨ類はこの川だけでなく、いくつかの湖でも同所的に形態的・生態的・遺伝的な二型が認められており、進化系統学をやるうえで格好の材料となっている。それだけ年間に出版される論文の数も多いわけで、その研究者はそれらにも万遍なく目を通さなければならず、大変だ。

ナワバリ——愛ゆえに

繁殖期になると、雄はそれまでの群れ生活から離れ、ある特定の場所にとどまるようになる。こうして定位しながら、一定の空間を守るようになる。口で底に小さな穴を掘って、巣の基礎作りを始める。ナワバリは巣を中心に半径三〇～五〇センチくらいであり、その範囲をかたくなに守り、何者をも内に入れない。ナワバリの所有者は特に同種の雄の侵入に、きわめて神経過敏となる（21ページ写真3参照）。侵入者のほうも少しは抵抗することがあるが、所有者が常に勝つことになっている。これには身体の大きさは関係なく、所有者のほうが小さくても大きな侵入者に勝つ。

ナワバリは巣を作り雌との配偶を確保し、育児をするのに邪魔が入らないようにするためにある。つまり、保護すべきものがあるゆえだ。繁殖のために攻撃的になるわけだが、この攻撃は自己のわがままな主張ではなくて、個体自身にとって大事なものを守るという表現なのだ。これをハリヨの〝愛〟といってもよい。言い換えれば、血縁を守る〝家庭愛〟に燃えている結果といえよう。

だから、このナワバリという他からの侵入を許さない場をもつことは、ハリヨが単にケンカ好きな魚であることを意味しない。他者から守るべき巣や雌、子があるからで、攻撃が強いほどそれだけ〝愛〟が強いのだ。

我々人類においても、愛とはより身近な者に対してより強く向けられ実感されるものだし、他者から防御しようとするものだ。自分自身を、自分の家族を、自分の恋人や友人を、自分の郷土を、自分の国を、それぞれの段階で他者より守ろうとする。これを総じて〝愛〟としてもよいであろう。ハリヨの場合においても、このような人類でいうところの愛と共通する部分があると位置付けるのは、感情移入の過多であろうか。

結婚の条件――家作り

ハリヨをはじめほとんどのトゲウオ類の雄は巣を作って繁殖する（12ページ図1参照）。水ぬるむころになると、雄はまず初めに、砂泥質の底に径一、二センチの大きさの穴を口でいくつか掘る。そのうちの一つを大きく広げ窪地にする。巣作りの開始だ。

その窪地へ口でくわえてきた巣材を置き、その上に腎臓から分泌され排泄口から出される粘液で接着して、

写真10　雌に対して口先で巣の入り口を示す雄（徳田幸憲撮影）

いわば〝敷布団〟を作っていく。さらに、巣材を置いて粘液で固めて〝掛け布団〟を造成しトンネル状の巣をつくる。この巣作りは雄だけで行う。雌はいっさい巣作りに関与しない。巣の形状は楕円の円盤状で、長径が六〜八センチ、短径が五センチくらいである。巣材には水底に沈んでいる植物片や、藻など繊維性のものであればたいてい利用する。調べた巣の中には、糸屑や人毛などが使われていたりもする。これは残念ながら、環境の悪化を物語るものといえよう。

ナワバリに侵入してくる雄などを追い払いながら、巣を作っていく。この時は、卵塊で腹の膨らんだ雌がやって来ても、無視するか、あるいは追い払ってしまう。巣が完成していないため、産卵させることができないからだ。「まだ、早いよ、焦るな」と言っているかのように軽く雌をつついたりする。雌のほうは雌で、「まだできてないの！」という素振りを示す。これはどのように表現していいのかわからないが、まさにその通りなのだ。

そのような場面では、雄はとても申し訳なさそうな顔をする。目尻を下げ、じっとつっ立ったまま状態になる。雌は巣を持たない雄には関心を示さず、他へ去っていく。家持ちでないと結婚できないとは、トゲウオも人間の男女もあまり変わらない。

〝家〟を作った雄は、ジグザグ・ダンスといわれる体をくねらせながら泳ぐ動きをしながら、雌を自宅に誘う。このダンスはティンバーゲンの研究でとても有名で、生物学の教科書にもよく載っている。巣までやってきた雌に対して、雄は巣の前で真横に寝て、入り口を指示する（写真10）。そのエスコートに従って雌は家の中に入る。その後、雄は雌の腹部に小刻みな振動を与えるのである。その刺激によって雌は産卵をうながされ、これがないと卵を産まない。産卵を終えた雌が家から出た後、雄が中に入って放精する。その後、雄は何尾かの雌とここで番い、ひとりで育児をするが、これはなかなかに大変なことである。多くの雌と番い、自分の子孫になる卵数が多くなればなるほど、育児へのエネルギーはますます並々ならぬものとなる。多くの雌と多くの営巣をした雄は、繁殖終了後には見るも無惨な姿になって死んでいく。ここで私は、雌よりも雄のほうが、少なくともトゲウオの世界においては大変だと言いたい。

ハリヨ美人

ハリヨの雄は巣作りを終えた後、彼のナワバリに入ってきた雌に求愛のため近寄っていく。雄は雌に対して、求愛のジグザグ・ダンスを踊る（52ページ図16参照）。いわば、これによってナンパしているわけだ。しかし、雌は雄に追従せずに、巣に行かないことも多い。また、巣の入り口まで到達しながら、何が気に入ら

写真11　逆立ちをしている求愛雄（左側）と上向姿勢をした抱卵雌．体重の2割以上が卵重量になる（内山りゅう撮影）

ないのかわからないが、巣に入らないこともままある。

ただし、実のところ、野外ではこのジグザグ・ダンスの典型的なものは、あまり見ることはできない。たいてい、雌はすぐに雄の姿を見るだけで寄り添って付いていくか、あるいは逆に逃げ出すからである。また、雄のほうも明瞭なジグザグでない泳ぎであったり、単に雌と巣の間を行ったり来たり往復するだけの行動が多いからである。もっとも、これは雌を巣に誘い入れたいという衝動の強度も問題であって、いずれもジグザグ・ダンスのバリエーションと解釈されている（136ページ図32参照）。つまり、ジグザグ・ダンスは、今一つ乗り気でない雌をその気にさせるための行動であり、雄の性的衝動の強さを表すものである。もし雌の衝動が高まっていれば、ダンスする必要はなく彼女のほうから積極的に雄に付き従うのである。

この求愛ダンスは腹の大きい雌に対してだけ行われる。雌でも産卵した後や未成魚には求愛行動を示さな

写真12　産卵直後の雌

い。それどころかナワバリの中に入ってきたら、突いて追い出してしまう。狭い水槽に入れておくと、全域が彼のナワバリとして独占されてしまい、そのような雌は殺されてしまう。もちろん、自然界では逃げることができるから、このような最悪の事態になることはまれである。

卵で膨らんだ腹をもつ雌のみが雄を引き付ける（写真11）。そして、卵をたくさん持つような、より大きな腹の雌が雄によく選ばれる傾向がある。雄にとってはそれだけ自分の子が増えることになるからだ。だから、ハリヨにおいては腹が大きい雌ほど雄にもてる。太めの雌ほど〝美人〟というわけだ。

しかし、持っていた完熟卵はほとんどすべてを産み出すことが多いので、産卵直後の雌は左右の腹の皮がくっつくほどにへこんでしまう（写真12）。こうなった雌は雄から見向きもされなくなる。たとえ、さっきまで一緒に求愛・産卵・放精という共同作業をやった間

写真13　巣中の卵にファンニングをしている雄．彼の口先の水底に巣がある（徳田幸憲撮影）

柄においてもだ。

厳しい夫婦関係

ハリヨの雄はイトヨよりも多くの雌と番い、一巣当たりの卵数はおよそ一〇〇〇～一五〇〇個にもなる。雌一尾がもつ卵数は約一五〇個ほどだから、平均して雄は十尾の雌と結婚していることになる。

父親になった雄は懸命に子育てをするが、雌は産みっ放しで親らしいことは何もしない。ハリヨの世界には、母親という言葉はないに等しい。産卵後の雌はふたたび卵をもつために、もっぱら餌を食べることに専念する。雄はナワバリから出て餌を食べることはあまりしないのに、雌はよく食べる。雌がどのような行動をどのくらいの頻度でするかを調べたことがあるが、摂餌に関する行動が半分以上の割合を占めた。

受精した卵は水温一五度で十日間ほどで孵化する。その間、雄はかかりっきりで巣内の卵の世話をする。

しかも、孵化した仔魚をさらに三〜五日間も世話をする。仔魚に遊泳力がついて巣離れするまで、雄は付きっきりだ。

父としての雄の世話の多くは、ファンニングという行動である（写真13）。巣の入り口に向かってやや下向き加減で定位して、胸びれを動かして水煽りをするというものだ。これによって卵に新鮮な水を送り込む。この水煽りは水の循環の悪い巣の中の卵にとっては必須で、雄がしなければ卵は全滅する。つまり、巣中の換気を行うわけだ。家を作ることで卵は守られやすくなるが、いっぽう、酸欠にもなりやすくなり、この問題を解決しなければならないからだ。このことは逆に言えば、人工的にでも水を送り続けさえすればよいということになる。巣から卵を取り出してザルに入れ、下からブクブクと酸素を送ってやっても孵化させることができる。しかし、自然の中で十数日間も、水を送り続けてくれるのは親だけなのだ。その卵の親だけが外敵から守りながら、孵化間近になると夜も寝ないでファンニングをする。ただし、仔魚はなかなか巣離れせず、巣にうろうろしていると親に食べられてしまう。

二、横恋慕する雄たち

卵泥棒

「こら、こら、何するんや」私は叫んでしまった。他人の巣に頭を突っ込んで卵塊を口でくわえて、自分の巣へ運んでいく雄を見つけたのだ（写真14）。

写真14　他雄の巣に口先を入れている卵食い雄（中央）の決定的瞬間．それを巣の入り口を示していると思って近付いてきた雌（卵食い雄に接している個体）．急いで戻ってきた巣のオーナー雄（上の個体）（徳田幸憲撮影）

一九八六年より私はハリヨの繁殖行動を、野外で個体識別をしながら調べている（図23）のだが、これは初年度の観察でのできごとであった。思えばおかしい奴がいると思った。奴は成熟した雄でありながら婚姻色が薄く、自分の巣をもっているくせに自分のナワバリ周辺をウロウロして、ある特定の巣をうかがうようにしている。相手のナワバリ境界付近に出没していたのだ。そうしているうちに、その巣に向かって身体を底に付けながら這うようにしてにじり寄って行った。

匍伏前進しながら奴はようすをうかがい、その巣の持ち主が巣から少し離れた隙を狙って、ダッシュして巣に頭を突っ込んだのだった。持ち主は急いで戻り、激しく攻撃を加えた。だが、時すでに遅し。奴は卵塊をくわえ一目散に自分のナワバリへと逃げ帰った。卵泥棒なのだ（図24 a）。とんでもない奴だ。しかも、盗んだ卵を自分の巣の中へ押し込んで

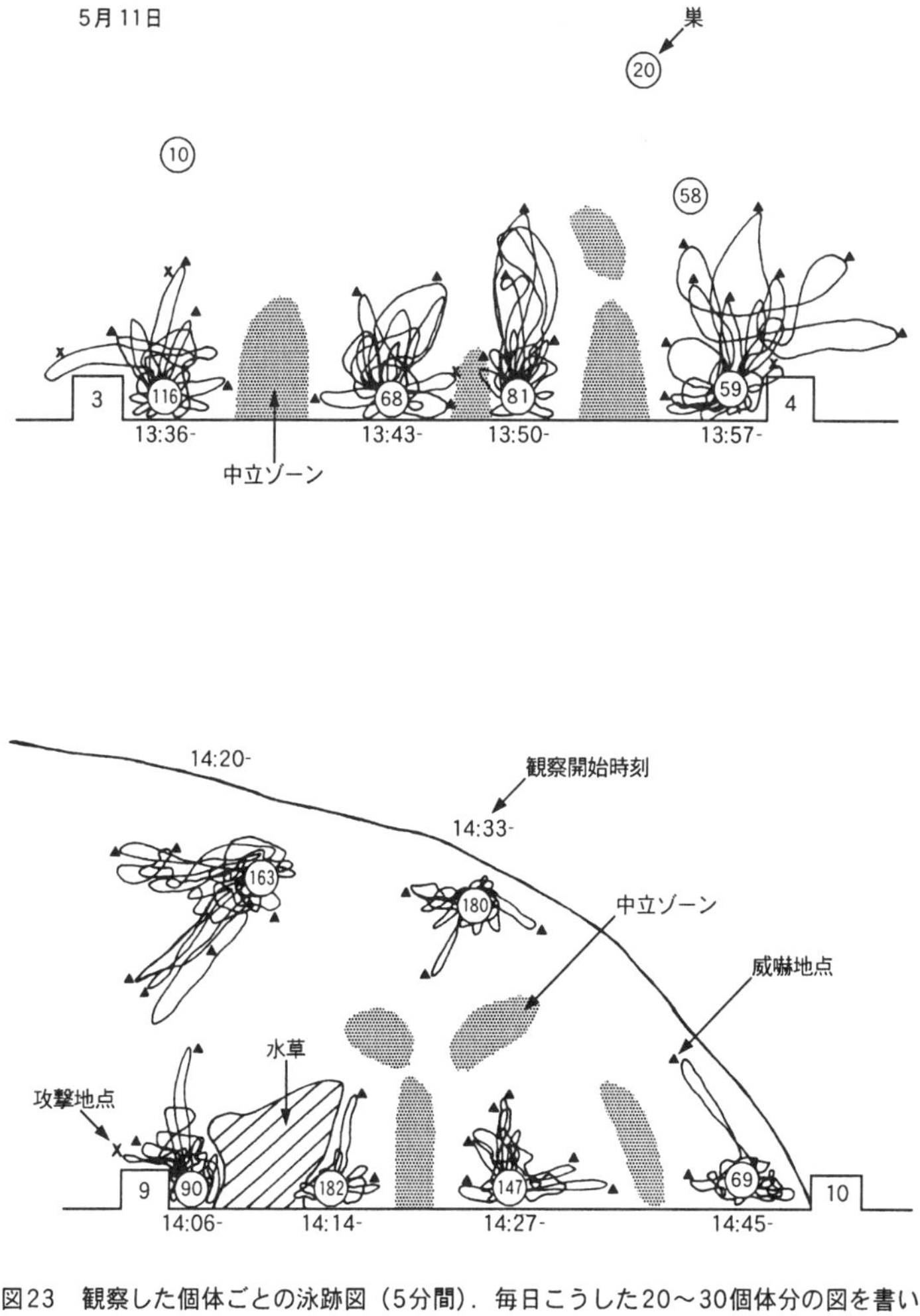

図23　観察した個体ごとの泳跡図（5分間）．毎日こうした20～30個体分の図を書いた．○内の数字は個体識別された雄を示す番号

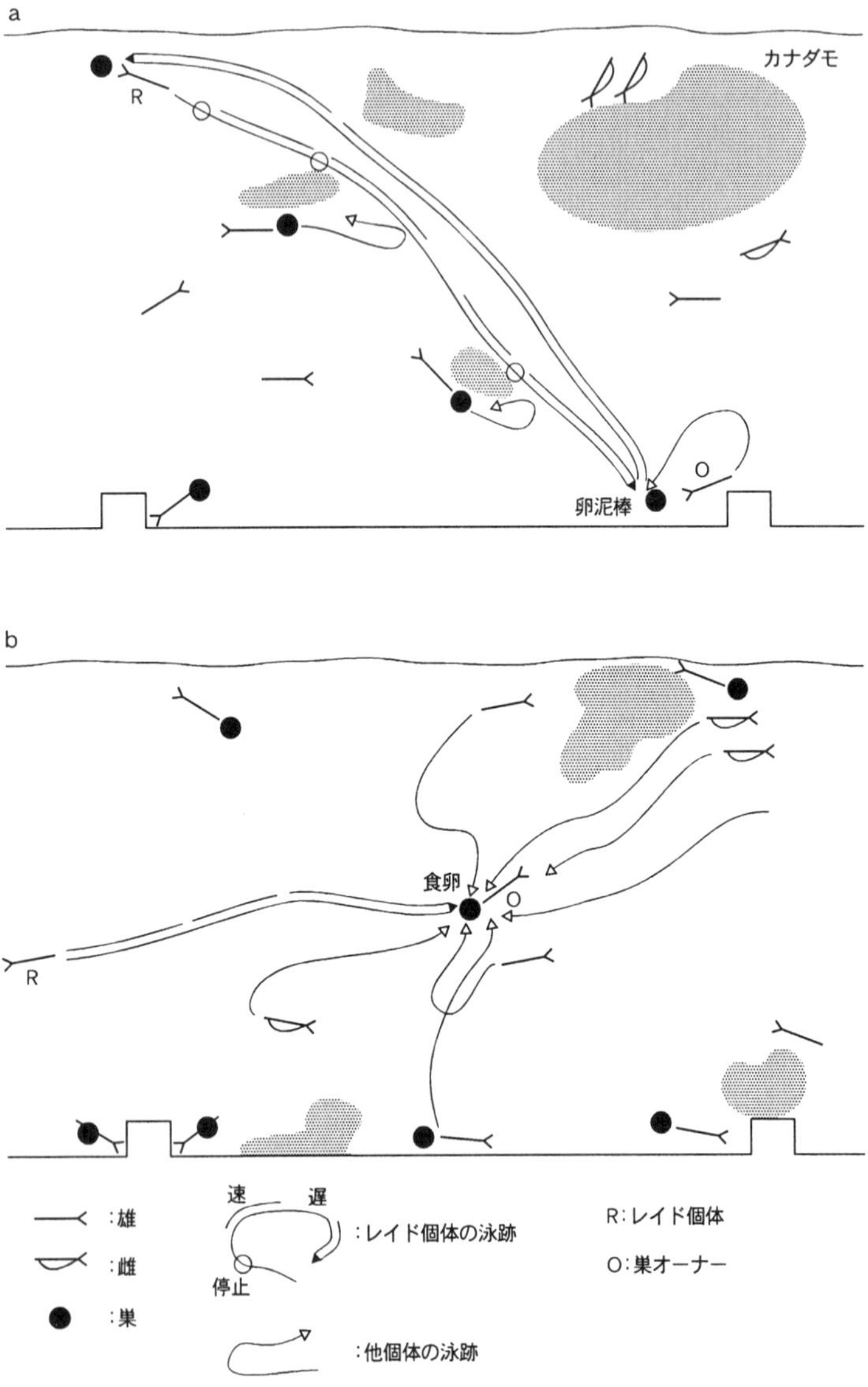

図24　レイド個体とレイドされる巣オーナーの泳跡．レイド行動には卵泥棒（a），食卵や集団レイド（b）などがある

育児行動を始めた。自分の子のようにファンニングを開始したのだ。

しかし、多くの場合、卵泥棒は盗む前に巣のオーナー雄の攻撃を受けて阻止される。ハリヨの世界でも「正義」は勝つが、常にではない。また、たとえ卵を盗み出しても、巣に戻る途中に他のハリヨたちから襲われ卵を食べられてしまうこともある。口からはみ出た卵は目立って、他個体のかっこうの餌になる。この卵泥棒は、特に三月下旬から四月の繁殖期の前半期にしばしば見られる。といっても一日七、八時間の座禅をしながら川の中を凝視する行為が必要であるが。その私の目には、泥棒されたほうの雄が泣いているように映る。

卵泥棒があっても、それは必ずしも成功するわけではない。この泥棒をする理由については今なお、いろんな議論がなされ、私もこの問題について関心をもっており論文を書きつつ、現在も、野外調査でデータを蓄積中である。これは後に少し触れるが、種のではなく自分自身の子孫を残すための一つの仕組みの現れと解釈されている。このように他雄の巣や卵に執着的に関心をもち、何か悪さをすることを総称して「レイド行動」と呼ぶ。この中に他雄の巣の卵を泥棒したり食べたりすること（図24b）、またスニーキングという他人の配偶時に放精して逃げていく行為などが含まれる。その目的物は卵が主であるが、そればかりでなく巣材を盗むこともある。

また、複数の雌や他雄が集まり、ある特定の巣を集団でレイドすることがある（図24b）。集団レイドがなされようとするとき、目標とされた雄はいち早く横に寝て泳ぎ、その集団を別のほうへ気をそらせる。しかも、多くの場合、別の巣があるほうへ誘導してしまう。自分への災いを他個体に移す、きわめて意図的な行動である。この横寝は、求愛時に巣の入り口を雌に示す行動と同じである。ただ、その姿勢のまま移動する点が異なっている。雌を主体としたレイド集団は、その巣の入り口を示す横寝行動の跡に思わずついていく。その営巣雄は集団レイドしてくる各個体のそれぞれに攻撃していては効果的に防衛できない。だから、集団全体をまとめて誘導できる行動をとり、別の場所へ連れていくのである。それにしても一体、彼らはサカナか？

もてる雄ともてない雄

以上のように、他者の巣の卵の一部を盗み自分の巣に入れたり、あるいは食べてしまう雄がいる。一回につき、数個から四〇個の卵を泥棒する。なぜ、そんなことが生じるのか。こうした卵泥棒については、とりあえず二つの説明がある。一つは、雌が卵の入った巣を選好するため、卵のない巣の所有雄は雌にもてるようにするために、他人の卵を盗んでくるというわけだ。これは一刻も早く雌と番いたいという欲求の由縁というべきか。それとも、もてない雄の苦肉の策というべきなのだろうか。そこで、これを「もてない雄」説としよう。

いま一つの説は、盗んだ卵は実は他人のではなく、自分が放精した卵である可能性をもつというものである。というのはある雄が雌に産卵させ、次いでその雄が放精しようと巣に入ろうとする直前に、ダッシュして先に巣に入り放精して逃げていく雄がいる。こういう雄は「スニーカー」と呼ばれ、その行為を「スニーキング」という。スニーカー雄は、だいたい自分の巣が未完成で雌を呼び込む状態でないことが多い。ただ、配偶への衝動だけは強く、他人の〝愛の営み〟を妨げ、脇からそれに参加してしまうのだ。いわば〝間男〟

なのだ。そして、自分の巣が完成すると、他人の巣で放精した卵を持ち帰ってくる。彼はそういう悪さをした巣をちゃんと覚えていて、別の巣へは出向いていかないという仮説だ。「父性愛」説とでも呼んでおこうか。

ただし、雄は何尾もの雌と配偶するから、スニーカー雄は相手雄のすべての配偶時に横取り放精できるわけではない。だから、盗んだ卵は実の子ばかりとは限らない。ただ、別の巣から盗むよりは自分の子が入っている可能性は当然高い。でも再度、危険を冒してまで他者のナワバリに侵入して、自分の子とは限らない卵を自分の巣へ運んでくるというのは合理的ではない。ここで父性愛をもち出すのはちょっと擬人化しすぎだ。これはどう考えても、相手に子を預けて、育児を任せておいたままのほうが得策であろう。

こうなると「もてない雄」説のほうが有力といえるかもしれない。これは一尾一尾の雄は自分自身の子がどれだけたくさん生き残るか、つまり血のつながりをいかに広めていくかという行動生態学の論理に基づいている。それは「損か得か理論」の視点と言ってもいい。他人などある意味、どうでもいいのだ。自己の得、ここでは子の数が増大することが何よりも優先するのだ。得をする仕組みを獲得している個体の血縁はますます繁栄する腕を磨き、さらに得をするように互いに競争し合う。とにかく個体はそのように振る舞う。だとすると、スニーキングした巣の卵はそのままにして、相手雄の育児に任せておいたほうが得というものだろう。にもかかわらず、それをあえて泥棒することは、これによってさらなる得が待っているからだ。雌はすでに卵が入っている巣を、そうでない巣よりもあきらかに好んで選択し産卵することが知られている。このことはつまり、盗んだ卵が巣に入ることで、雌と配偶する頻度が増加することを意味する。その結果、泥棒雄の繁殖成功の確率が高まるわけだ。もちろん、ノーマルな配偶による産卵数は盗んだ卵数よりも断然多いから、泥棒よりも真面目にノーマルな繁殖行動をとったほうが繁殖成功のためには有利である。

しかし、相手雄が自分自身の放精した卵とスニーカー雄の放精卵とを区別でき、後者を食べるか除去することができるならば話は異なる。スニーキングした卵をそのままにしておくことは、スニーカー雄の血縁が失われることになるからだ。今のところ、雄の卵への識別能力は確かめられていないが、この能力はないと考えられている。ただ、雌のほうは自分の産んだ卵が識別できるらしい。

また、この現象は、その雄が雌と配偶できない期間が長く、性的衝動がかなり蓄積してしまった結果とも考えられるかもしれない。つまり、もてない雄の衝動がある限界値以上に溜まってどうしようもなくなって、他人の求愛に割って入り込んだとも考えることができる。自分の高まり過ぎた衝動の解消のために、いてもたってもいられない状態で行動となって現れるというものである。ただ、こうした一種、心理学的な見方は、最近の動物行動を研究する上であまり進展していない。私としては残念なのだけれども、また単に科学が発展していく過程として廃れいくものとも思えないのだけれども、わが国においては軽んじられているのである。しかも、それは一瞥する必要もない擬人主義と思われて、文学の対象として扱われている有様といってもよい事態にある。

卵食い

さらに、この卵泥棒の目的として、もっとうがった見方をすることもできる。というのは、卵はいつでも餌としての価値がある。実際に胃内容物の調査によると、自分のか他人のかはともかくとして、かなり多く

写真15　口蓋部を切除した雄（口腔内いっぱいで約40個ほどの卵を数えた）

の割合の営巣雄（五〇％前後）がハリヨの卵を食べている（写真15）。だから、他者の巣から卵を盗んで、食糧として自分の巣に入れておくというわけだ。つまり、〝保存食〟となるのだ。

スニーキングするのは、その巣に卵が確実にあることが認知できるため、後でどの巣に卵があるかどうかを探す手間が省ける。この探索には結構、リスクと時間がかかると思われる。巣もちの雄は強い攻撃を特に雄の侵入者に加えるから、手当たりしだいに巣を巡っていてはスニーカーにとって多大な負担となるだろう。つまり、当初から食糧を確保しておく目的で、ある巣であらかじめスニーキングしておくのである。スニーキングした巣から卵を泥棒することもよく見られるが、これは自己の子孫を他人の繁殖行為に邪魔をして依存するというのではなく、初めから餌供給の確保という意味があるのかもしれない。

また、営巣期間中は餌を採りにナワバリの外へは行けないから、身近な周辺でまかなうことになる。その際、巣内の卵は絶好の栄養源となるのだ。しかし、すべての卵を食べてしまうのではなく、その一部を食べる。その代わりに栄養状態を良好に保ち、残りの大多数を保護し育てる。これは卵の保護やさらなる配偶のために体力・精力を増強する保存食としての機能があるのだ。したがって、卵は栄養源としての意味も重要であり、雌も含めてみんなの注目の的である。

それにしても、彼らの行動は一つの種内でも、なんと多彩に富んでいるのだろう。卵泥棒、間男、卵食いといった一見、異常な行動は、実は日常生活の中でも普通の個体が普通にする。ハリヨという一種類の魚に限っても、またさらに一個体の日常の中においても多種多様な行動をするものだ。

以前はそれらの光景を目にすると「こら、こら」と言って顔をしかめていたものだったが、今ではそうしたレイド行動が私の大きな研究テーマとなっている。現在、この行動が複数の営巣雄との関係の中でいつ、どのように生じ、繁殖成功や個体間関係の発達においていかなる意味があるのかを追跡している。

自己の子孫をいかに多く残すか

近年のエソロジーの基本理念は、自己の子孫をいかに多く残すかという尺度に置かれ、それに沿って多くのストーリーが展開されている。前述したように卵泥棒や卵食いも、それをする個体の子供たちを、正確に言えば、その彼の遺伝子をできるだけ多く残すための戦術であると解釈されている。もてない雄が他人の巣から少しばかりの卵を盗み自分の巣に入れておくことによって、すでに卵のある巣を好むとされる雌と配偶でき、より多くの自分の子孫が残せるというわけだ。それは単に、食べることだけを目的とはしていないのだ。

この視点はすでに個体の行動から生態的、進化的意義を見るときの前提になっている。あえて言えば、ある特定の行動現象がいかに、あるいはどの程度にその視点の枠内でストーリーとしての整合性があるかだけが問題となる。もちろん、それは個々の生物は自分の子孫を増やそうという利己的な行動をし、そうした個体の間での利己的な競争関係があるというダーウィンの自然淘汰の原理に基づいている。

そうした事態は、一九七〇年代から躍進した生態学の一分野である行動生態学（社会生物学）によって、いっそう促進された。行動生態学が想定する個体は、利得という目的を最大化するという経済学的形式に従って行動するという仮定に基づく。もちろん、利得を得るためにはコストがかかるのが普通である。つまり、卵泥棒するのには、相手の雄に手ひどく攻撃される機会が増えることになるが、それを押しても卵泥棒するのは利得からコストを差し引いた純利得がプラスであれば意味のある行動ということになる。この行動は、自己の利得のために利己的なものであることを前提にした生態行動学において、ある集団の中における個体の行動の意義を適応論的に把握するのに適した題材である。その個体は自身の子孫を、できるだけ多く残そうとして利己的に振る舞う存在である。この経済個体による調節の行き着く先が〝最適な資源配分〟ということであり、そこでは個体たちは何についてであれ均衡している。いずれにしても、そこにあるモデル予測の基準は、個体の利己的な損得を秤にかけながら行動するという機能性に則っているのである。

ここにおける個体は、合理的行動を繰り返す、経済学で言うところの「経済個体」（経済人）として立ち現れてくる。この経済個体は、自らの利得を最大化することを、目的の中心として生きる合理主義者であると仮定される。そこでの個体の行動は、損得勘定の効用（利得）関数として、きわめて合理的に追求されるも

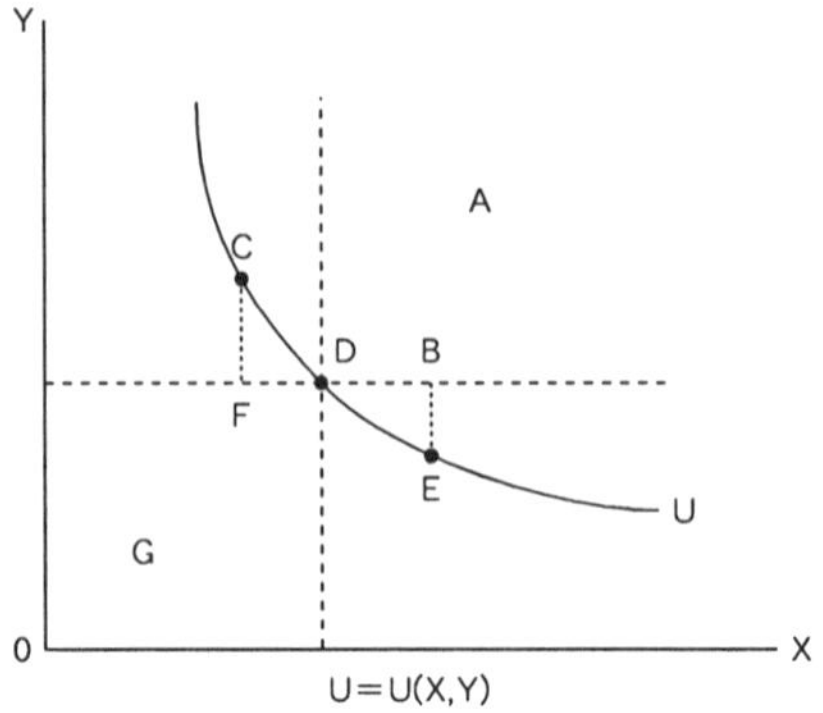

図25　効用関数．ＸとＹは個体の繁殖成功度を増加させるための二つの資源．点Ｄを基点とすると，これより右上の点Ａ，Ｂは少なくともいっぽうの資源よりも多いため，点Ｄより選好される．同様にして，点Ｄは点Ｆ，Ｇよりも選好される．点Ｄの左上の領域は資源Ｘは少ないが，資源Ｙは多く，点Ｆに資源Ｙを加えていくと点Ｄと同じ効用を与える点Ｃが存在する．そこでは点ＣとＤは選好面では差がないことになる．同様に，点Ｂから資源Ｙを除いていけば効用に差がない点Ｅがあるはずである．したがって，効用の水準は，Ａ＞Ｂ＞Ｃ＝Ｄ＝Ｅ＞Ｆ＞Ｇとして表される

のとなる。その個体は、自身の子孫をできるだけ多く残そうとする利己的に振る舞う存在である。

どの行動を選んだら得か

ここで、なぜその行動をしたのか、という設問に対して、自らの利得を最大化する経済個体という観点に沿って考えてみよう（図25）。ここに、いくつかの選択すべき行動があったとしよう。それらの行動に基づいて、利得（あるいは損失）をもたらす資源Ｘと資源Ｙが得られるとする。そこで個体はどれかの行動を選択する。選択されるべき行動を、図の中でアルファベット（Ａ〜Ｇ）で示す。たとえば、行動Ｄ点を基準とする場合、右上方にある行動Ａ点は両方の行動から多くの資源を得、また行動Ｂ点は少なくともいっぽうの資源Ｘを多く得るので、行動Ｄより選好される。また、行動Ａは行動Ｂよりも、両方の資源Ｘ、Ｙが多いので選好される。これは経済学でまさに「効用」といわれる基礎概念であるが、これは選択の程度（どれを一番優先させるかの順序）を示すために、それによって得られる利得・満足を数値で示したものである。

また、行動D点より左下方にある行動F点とG点は、利得として得られる資源X、Yの両方ないしは片方がより少ない。ここで行動D点の左上方では資源Xは少ないが、資源Yが多い。そこに代替性――それぞれの資源から得られる利得において差を生む二つの行動があり、低いほうの行動にいっぽうの資源をより加えることによって、その二つの行動によって得られるそれぞれの利得は等価になること――を仮定すると、行動F点において資源Yを増やしていくと、行動D点と同一の効用・満足を与える行動C点がある。その行動C点は基準である行動D点と選好することに関しては等価であり、行動C、D、E点を結んでできた線を「無差別曲線」という。つまり、①AはBよりも選好される＝Aの効用はBの効用よりも高い、②AとBは無差別である＝AとBの効用は等しい、と考えられる。したがって、図における行動の選好順序は、A＞B＞C＝D＝E＞F＞Gということになる。

〝経済的個体〟の進化

この経済個体は各個体が自己の利得のために振る舞うものとされる以上、必然的に個体間で変異が生じることになるだろう。行動の結果は個体にとってさまざまな意味をもつ。行動の変異はメリットとして現れたり、また中立であったり、コストともなったりする。ティンバーゲンによれば、巣上で卵を温めているカモメは当然、卵を保持し発達をうながす目的によってメリットを得るが、いっぽうで摂食に費やす時間が減少し、かつ捕食の危険が増加するコストがある。結果としてのメリットが機能と言われ、これがコストよりも上回ったとき適応的であるということができる。また、同じ機能をもつ行動の在り方において、より多くのメリットをもたらすときも適応的であると言える。たとえば、よくさえずるシジュウカラの雄は、あまりさえずらない雄より多くの雌と配偶できる場合、さえずりの機能は雌の誘引があり、とくにさえずる個体は適応的であると言える。

こうしたコスト（損）&ベネフィット（得）という経済的視点に沿って、個体がいかに適応的であるかを示す「適応度」という見方が確立した。私が言うのもおこがましいが、これは大変素晴らしい視点であり、生物現象の多くを説明する統一的な理論となっている。適応度を測る単位は個体、より正確には対立遺伝子であればよく、その個体間で行動や形態になんらかの差異が認められれば、ストーリーを作ることができる。

ここで適応度とは、個体の適応性の高低を示す指標だ、といってもわかったようでわからない。それは、ある個体が繁殖可能になるまで生き延びる子孫をどれだけ残せるかを示す計測可能な（もしくは、可能とする）一定の尺度である。本気になって、将来の世代へ貢献できる子孫や遺伝子数を追跡しようなんて思ったら大変だ。だから実際には、雄が放精した卵数の個体変異に適応度のバラツキを見い出して、そこに個体単位の進化的な意味をもたせるのである。

エソロジー（動物行動学）は、このように個体が利用すべき資源としての環境を生態学的な視野に収めながら、個体行動の機能性・適応性の進化という問題に専念し始めた。その結果、行動の詳細な観察とその記載量がさほどないまま、ある仮説に基づいたデータの収集と、その検証分析というスタイルをとることが多く見られるようになった。たとえば、ある集団で繁殖とか摂餌に関する行動のやり方をいくつかに類型化し、それらを繁殖成功の指標と対応させ、もっとも高い行動を機能的で進化的に意義があるとみなすのである。

そこでは、エソロジーの主要な概念である動機づけ、解発因、転位行動などといった概念が、さまざまな種で、さまざまな行動において学問的支柱として発展されてきたにもかかわらず、逆にその用語上の使い勝手の良さによる多用によって、いつの間にか曖昧模糊とした用語となってしまった。現在、それらの概念は明瞭な定義や了解事項のないままに使用され、かつ困ったことにさほど顧みられないという事態に陥っている。

第五章

エソロジーとの“出会い”

鏡の自分に逆立ちして威嚇する雄．砂掘り造巣行動から威嚇行動に転位したとされる

本章ではエソロジーがかつて焦点に置いてきた至近要因に関する問題を、これまで述べてきた視点を含めながら展開してみよう。至近要因とは、適応や機能の意味や起源を求める究極要因と対応して理解されるべき問題設定の重要な視点である。たとえば、ツバメはなぜ秋になると南へ渡るのかという問題に対して、日長が短くなった結果の生理的な反応であると説明する、つまり現れた行動の直接的な原因もしくは行動の引金を問題とする場合、それを至近要因の視点という。初期のエソロジーは至近要因に関する研究が多かった。

いっぽう、食物の豊富な場所を求めるために渡り行動がある、という個体の生存率や繁殖の成功率あるいは行動の機能（その行動をした結果、得られた利得と損失）に影響する要因を究極要因というわけだ。この適応や機能の意味や起源を求める究極要因は行動生態学の重要な視点であり、それに沿って大きく発展しエソロジーと生態学の統合が行われ、また、それぞれの基本原理としての役割を担ってきた。

しかしながら、ここではそうした行動の機能、つまり、ある行動がいかにして個体の生存や繁殖成功度を高めているかを第一義的に問うのではなく、行動現象を、その直接的な引金としての至近要因の視点から、他者との関係を形成する役割を持つものとして論じていく。その議論を展開する前にまず、「動物行動を生物学的に解析する学問」としてのエソロジーに関する基礎的な事項と問題点をたどっておこう。

一、エソロジーの今昔

ティンバーゲンの「四つのなぜ」

エソロジーの祖の一人であるティンバーゲンは、エソロジーを「行動の生物学的研究」(biological study of behaviour) と定義した。彼は動物行動の研究視点として、「四つのなぜ」を提起した。ここで、彼のその提起を直訳的に述べてみると、(a) 行動と行動の間の直接的な因果関係 (b) 行動の個体発生 (c) 行動の機能 (d) 行動の進化という視点が挙げられている。これは、一九六三年に発表された「エソロジーの目的と方法」において提示された。この論文はその後のエソロジーを考える上でもっとも重要なものだ。エソロジーの方向性に決定的な指針を与えたからである。また、一九三〇年代にティンバーゲンやローレンツが登場して以来、三〇年間研究をしてきたエソロジーの総まとめの位置にあるという意味においても重要である。

(a) の行動の直接の原因とは、ある行動を引き起こす (解発する) 他個体の形、色、姿勢、行動や、社会的地位、ホルモン分泌、日長、温度などを示すことが多い。これらは独立した要因として行動を引き起こすのではなく、多くは互いに関連して個体にはたらく。個体の行動は、個体の成長や経験といった時間軸に伴って変化することが多いため、この (a) は (b) の行動の個体発生 (発達) という問題設定と関連が強いと言える。

この行動発現の原因と発達を課題とするエソロジーは、行動を神経・生理学的に、感覚器官を介して解釈する神経行動学という一分野を形作った。また、個体の内的状態を課題とする心理学的要素のある認知エソロジーが、一大思潮とはなっていないものの、継続的に提唱されている。

いっぽうで、この（a）因果関係と（b）個体発生は他の二つよりも関連があるように、（c）機能と（d）進化も他の二つよりも関連性が高い。後二者において、行動がいかに機能的であるかは、進化の問題として立ち現れてくるからだ。それは「個体の生存と繁殖に、その行動の結果はどのように寄与するのか」という問題設定となっている。言い換えれば、これは、いかにその行動が適応的であるのかを意味する。この視点からのエソロジーの一部は、生態学的な事象と関連づけた行動生態学として進展した。このようにエソロジーは力点の置き場所によって、現在いくつかに類型されている。そこでは行動という現象を、神経・生理学的に生体内における感覚器官を介して解釈してもいいし、生態学的な事象と関連づけて適応論的なストーリーを作ったりもされてきた。また、ある特定の個体の形質を進化と結び付けて、それをいかにして多くの個体に広め定着させているかといった見方が発展してきた。私自身はと言えば、この（a）と（b）の解析を前提として、個体間に生じるコミュニケーションの解析から、これを認知エソロジーや社会学的なアプローチとして展開したいと考えている。

赤は興奮の色

エソロジーの初期段階では、初めに挙げた行動が現れる因果関係を、すなわちある行動を引き起こす（解発する）刺激要因の分析に集中していた。その刺激要因は具体的に言えば、形や色であったり、表情、姿勢や他の行動であったりする。行動を解発する刺激の分析が、研究の中心であったわけである。

その代表的な例は、ティンバーゲンらのイトヨに関する古典的な研究である。そこで彼らは、繁殖期のイトヨの赤い頭から腹部が相手雄に対して威嚇の意味をより強める効果があり、攻撃衝動を増長させることを示した。雄の赤い腹部は、互いの攻撃を解発する刺激として作用するわけだ。ティンバーゲンは、この赤い腹のように、相手に対してある特定の反応を引き起こす刺激を「サイン刺激」と定義した。

この色がいかにサインとしての意味をもつかを調べるため、彼は驚くほど単純で、驚くほど効果的な実験をした。彼はいろんな楕円形の模型の下側に赤くしたRシリーズと、どこも赤くない精巧な模型のNシリーズを作った。それぞれに対してイトヨ雄は、まったく異なった反応を示した。下側の赤い楕円形の粗雑な模型に対してのほうが、精巧な模型よりも多くの攻撃が引き起こされたのである（図26）。腹側を赤くさえしておけば、雄の攻撃を起こす引金になるわけだ。だから、イトヨの攻撃誘発には、魚の形より赤という色がまず重要であると結論される。イトヨにとっての赤色は同性への攻撃刺激ならびに、雌への性的アピールにつながる意味をもつことがあきらかにされたのである。ティンバーゲンの研究室にあるいくつもの水槽の中の雄イトヨたちが、庭先を通っていく赤い郵便車にいっせいに反応し、水

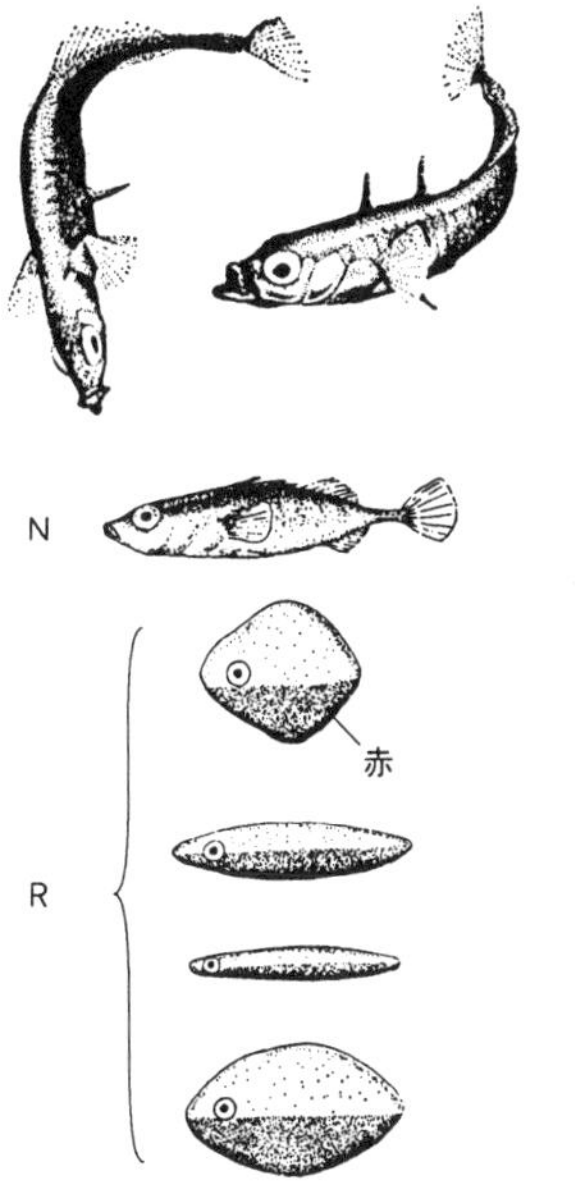

図26　イトヨの営巣雄は魚に形を似せた模型Nよりも，ただ赤い部分のある模型Rに対して強く反応して攻撃をくわえた（Tinbergen, 1951,『*THE STUDY OF INSTINCT*』より）

槽面をつつき始めたという逸話が残っている。

この赤色という目立つ色彩はハリヨやイトヨの頭部だけでなく、コマドリの胸の羽毛やニホンザルの尻などにも見られる。目立つ場所に目立つ色がある共通点をもっていることは、単に偶然とは思われない。やはり、赤という色はサカナもトリもサルも、派手な色と感じているのではないだろうか。ティンバーゲンもまた、この刺激を与える解発因（リリーサー）の特性として単純性と顕示性を挙げ、その多種多様の系統にみられる普遍的事例を挙げながら整理している。

また、赤い部分は上（背）側よりも下側にあることがより意味をもち、前者の場合、攻撃誘発にさほど効果的ではなく、色だけでなくその位置も重要であることを示している。さらに、この赤色の模型を威嚇を意味する逆立ちの姿勢にして雄に示すと、彼の攻撃はよりいっそう激しくなることをティンバーゲンは確かめた（本章扉写真参照）。つまり、二つのサイン刺激の組合せによって、効果が倍増するのである。このことは、我々人間が喧嘩するときに、しかめっ面をして眉を上げ、口をへの字にして顔の表情を変えるだけでなく、肩を怒らせ胸を張って体を大きく見せるように、二つのサインの組合せをするのと同類だ。この組合せによって、こちらの意図がより明確に相手に伝達される。

この成果は解発因という概念の確立に、強い裏付けとなった。この概念には外部から入ってくるサイン刺激によって、ある行動に動機づけられているエネルギーが解き放たれ、実際の行動に移行するというメカニズムの存在を説明した。ただし最近、この用語はあまり使用されなくなった。というよりも、行動の至近要因に関する研究が疎かになったゆえであろう。

行動は連鎖する

　こうしたサイン刺激は単に、個体間の一場面だけで意味をもつものではなく、互いに刺激し反応して行動は連続する過程において伝達の機能を発揮する。つまり、個体間で次々とサイン刺激を交換し合って、ある一定の関係が進行していくのである。これは単なる自己の〝意図や感情〟の発現としての表情・行動ではなくて、相手の出方によって発信者の行動が決まる、まさに社会行動の文脈に沿った行動発現の伝達様式を示している。すなわち、個体相互の〝意図〟が伝達されていく過程であり、〝動物のことば〟を意味する。その典型例として、イトヨの求愛過程に関する、やはりティンバーゲンの有名な研究がある。

　イトヨ雄は膨らんだ腹の雌がナワバリに入ってくると、ジグザグ・ダンスをしながら求愛する（12ページ図1参照）。そのとき、雌はやや上向きの姿勢で、膨らんだ腹部を強調している（92ページ写真11参照）。結婚してもいいというポーズなのだ。ここで注意しておかなければならないことは、この上向き姿勢は結婚してもいいというポーズなのであって、誰とでも結婚するポーズではないということだ。だから、その後の求愛のプロセスによって、必ずしも最後の産卵・放精にまでいたるとは限らない。

　その「ボクと結婚して下さい」という求愛のダンスに応じた雌は、引き返す雄に追従して彼の巣までやってくる。そのまま、雌が巣にすんなり入るかというと、さにあらず。雌には巣の入り口がわからない。雄はそこで横に寝て、口先で入り口を示す（90ページ写真10参照）。雌が巣に入って、産卵開始かというと、さにあらず。入念なことに次に、雄は巣中の雌の腹部を口先で小刻みに揺り動かす。この揺り動かしがないと、雌は産卵できない。たいてい、産卵は一分以内には終了する。雌が産卵して巣から出た直後、雄が巣に入り放精する（52ページ図16参照）。

つまり、イトヨの求愛過程は雄と雌の間で相互に行動が連鎖しており、いっぽうが正しく反応しない場合、次の行動に移行しない。雄の揺り動かしがなければ、雌は産卵しないように。この刺激と反応の連鎖は、雌・雄のいっぽうの行動が勝手に先に進み、卵や精子といった配偶子がむだに失われないことを保証している。しかし、連鎖の順は一対一対応ではなく、衝動が高いと一、二の行動を飛び越して連鎖が進行したり、何回も繰り返したりする。もちろん、反応する行動はいくつかの行動に限られている。

このようにイトヨに代表されるような行動連鎖の発見と比較が、初期行動学の中心的課題であった。それは初期ならではの、通らなければならない段階といえる。外国語の単語の意味を知ってから内容を読解するように、動物の〝言語〟の分節化とその意味は何かをまず知るところから始まったわけである。一九〇〇年代初頭にすでにジェニングス（一九〇六）は、行動の研究はその動物が示す行動のパターンの目録であるエソグラム（行動目録）から始めるべきと言っている。しかし、最近の行動に対する視点は、初めから繁殖や摂餌をうまくやる上で明瞭な機能をもつ行動の一断面だけを抜き出して、全生活を通じて同時に進行する他個体の行動については、さほど重要視されていない現状がある。

行動の内と外

ここでティンバーゲンは行動が発現する因果関係を説明するさいに、個体の内的な自発的行動と外的な反

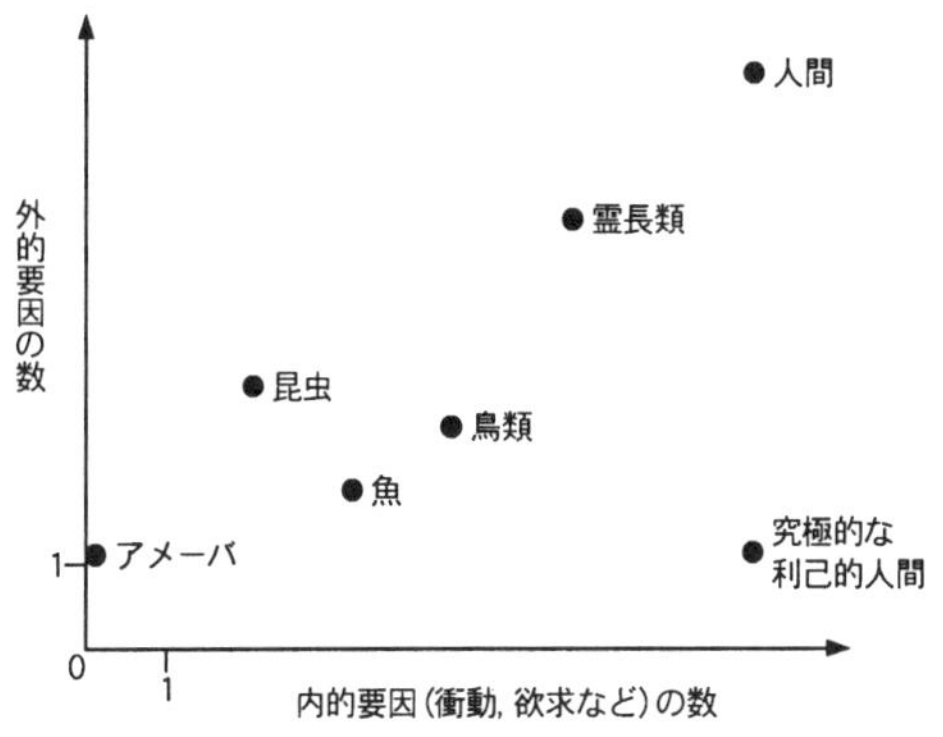

図27　行動発現の二つの帰属原因（内的要因と外的要因）の数の関係を示す仮想図. 例えばアメーバなどの原生生物は走光性や走流性といったような一つの外的刺激によって行動が生じる. また, 利己的人間は, 外的要因ではなく自己の多くの欲求のみに依拠して行動を起こす

応的行動という両面があることを論じた。つまり、なぜ動物はそのように行動するのかという疑問に対して、相手の赤い腹部や逆立ち行動などの視覚的な外的サイン刺激による場合と、性ホルモンの発達など内的な生理学的メカニズムからの説明という二つの観点を指摘し、それら内・外の両側面を統合することを試みたのである。内的なメカニズムからのアプローチには、外的要因の感受や認知に関する感覚器官の能力についての研究が不可欠であり、そこからはたとえば神経行動学（ニューロエソロジー）といわれる分野が派生した。

行動パターンを決定する要因を内・外的要因の両側面から、相対的に数量化できると想定してみよう。内的と外的それぞれの要因の数を、X軸とY軸においてみると、図27のような散布図になる。おそらく人間の言語活動がもっとも原点より遠く、右上に位置すると仮定できよう。逆に、反射行動や下等生物の行動が原点にもっとも近づくことになろう。むろん、この散布図の位置関係の正しさは、神でない限り証明されることはないのだが。

また、初期エソロジーでは、この因果関係と密接に結び付く個体における行動発現の成長に伴う発達の研究がもう一つの中心であった。これは「行動の個体発生」としてエソロジーの一分野を占めている。行動は個体が成長するにつれて発達する。したがって、その時点で見られる行動は、その時点の個体にとって必要なものであり、単に不完全な行動とは必ずしも位置づけられない。行動は経時的に発達する現象なのである。

個体の行動発現の過程においても、行動パターンは経験や時間とともに複雑に分化していく。これは学習という現象と関連して、サルの摂餌行動やガン・カモ類の他個体認知、小鳥のさえずりを材料にして多くの成果が報告されている。最近は、この行動の発達が経験や熟練としての意味をもち、どのように繁殖や摂餌の成功と関連があるかが調べられている。ある行動を決定するさいにおいて、過去の経験や経歴がある目的成功のためにどの程度の意味をもつのかは、いまだによく知られてはいない。

行動の機能と進化

初期のエソロジーにおける進化の位置は、分類学上の近縁種間でいくつかの行動要素を比較し、どの程度に類似しかつ相違しているかを示すところにあった。この見方によって言うなれば、系統樹を描こうとしたわけである。ここには、行動形質は形態学的形質と同質的に扱い処理できる、という前提もしくは背景がある。すなわち、それは行動に基づく系統学であるが、行動には化石的証拠が皆無に等しいため、方法論的に成り立たせるにはとても困難な状態にある。そこで、ローレンツらは、分類学的な近縁種間の比較と行動の個体発生から行動の系統を類推したのである。

端的に言えば、図28に示したようにカモ亜科内の近縁種間で行動要素を比較し、それらの系統関係を明示するというものであった。たとえば、図の一番下にある置き去りにされると一音節のピイピイ鳴きを示す行動EPVは、すべてのカモ亜科に共通していることを示す。そこで左中ほどの位置にある雄の笛声音のEPfは番号4から11までの八種に共通しているが、勝ちどきを意味する顎上げ動作の行動TrKhは番号4、5、6の三種にのみ認められる行動である。そうやって共通している行動と共通していない行動をいわば、ふるいにかけて区分し枝分れさせていくのである。そこに手法としての比較があったわけだし、一時期、エソロジーが「比較エソロジー」とも呼ばれた由縁でもある。分類学上の形質と同様に行動要素をとらえ、種間におけるその類似性を追求した。そこでは類似性が高いほどより近縁関係にあるとみていいわけである。

なるほど実際に、形態学の成果をもとに系統化された分類体系の一部が、この行動系統学の成果から見直されたことがあった。しかし、これはありていに言えば、結局、すでにある系統分類学と行動学的側面から傍証してみせたという域を出ない。近縁なる種の関係は行動比較だけからは成立しないからである。しかも、今や、発展した系統学自身が、行動のさまざまな特性をも研究対象の枠組みに入れている（例えばマクレナン、一九九一）。

だが、ある行動特性を比較するとき、たとえば形態学に基づく分類においてもしばしば生じるが、複数の形質の比較をするさいにそれらを等価と認めてよいかという問題がある。行動要素間に重みの多寡をつけるに際し、何をもって客観的な判定基準とするか、つまり、こうした行動の重みづけは困難を極めるのである。行動の分類作業における任意性の問題が残るわけだ。また、同じ行動要素であっても、その強度の差異

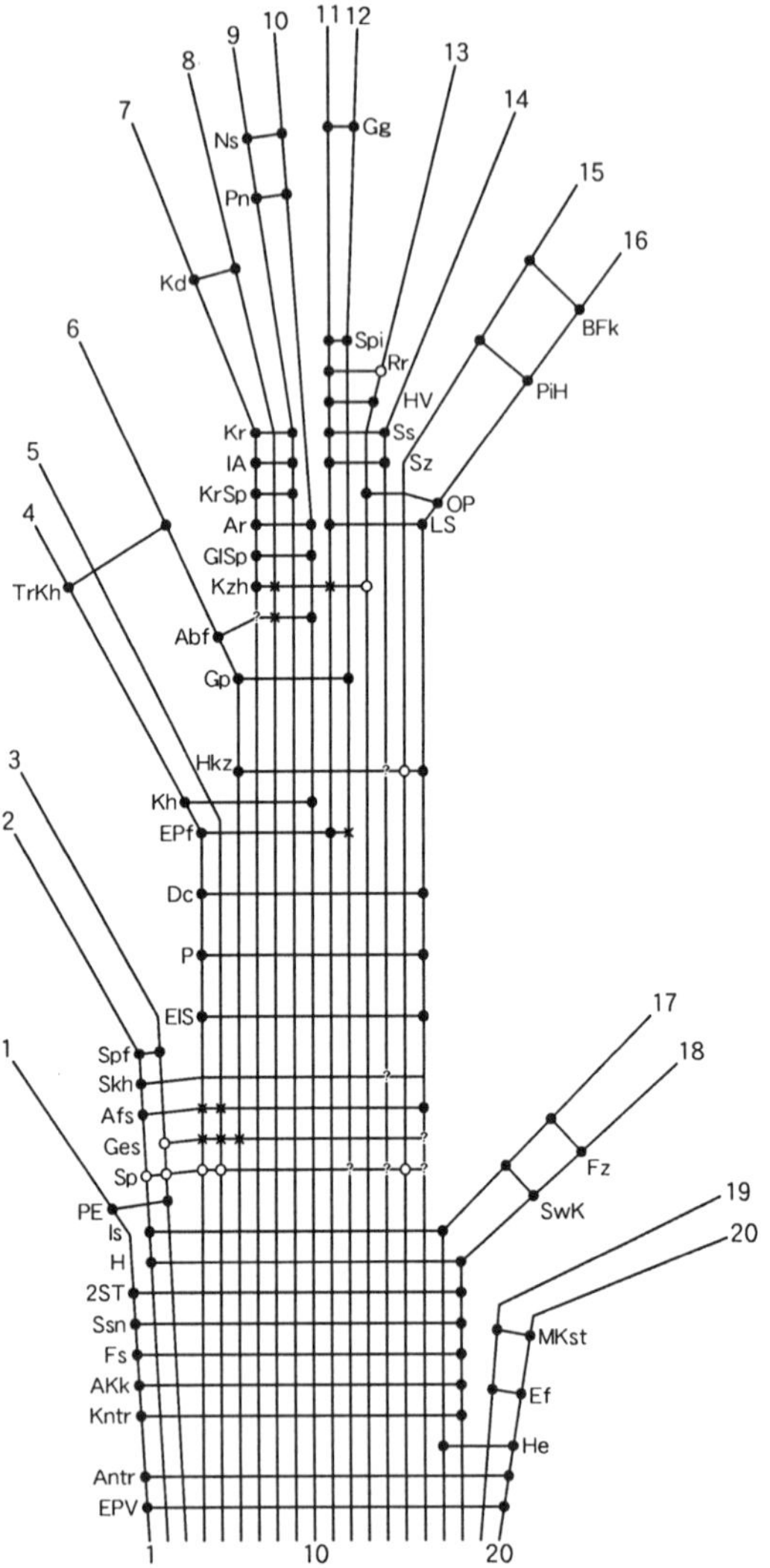

図28　カモ亜科における行動からの系統関係（Lorenz, 1941）
1から20までの縦線は種を表し，それぞれを横に結ぶ線は共通の特徴（左ページ参照）を示す．交差している点が○印のものは，その種で特徴が特に目だっていたり，分化していることを示し，×印のものは，その特徴が欠けていることを示す．？は未知の特徴

■行動目録
EPV：置き去りにされているときの1音節のピイピイ鳴き
Antr：水飲み動作
KnTr：雄の気管にある鼓室
AKk：カモ亜科の雛の羽毛
Fs：翼鏡
Ssn：角質性の薄板を備えた濾過式嘴
2ST：2音節からなる接触声
H：雌によるけしかけ
Is：求愛の身ぶりや威圧身ぶりとしての身ぶるい動作
PE：交尾の前ぶれとしての目標に向かっての頭の運動
Sp：雄による翼の裏側の見せかけ羽づくろい
Ges：雄の社会的遊び
Afs：げっぷ動作
Skh：けしかけのときに雄が行う頭の運動
Spf：見せかけ羽づくろいに使われる羽毛の特別な分化
EIS：前ぶれの身ぶるい動作
P：交尾の前ぶれとしてのポンプ運動
Dc：雌のデクレッシェンド叫び声
EPf：雄の笛声音
Kh：顎上げ動作
Hkz：雄の後頭部のさし向け動作
Gp：ブウブウ鳴き
Abf：上げ下げ運動
Kzh：そり縮み
GISp：雌雄で同様な翼鏡
Ar：そり返り
KrSp：コガモ類の黒と銅緑色の翼鏡
TrKh：勝ちどき動作を思わせる顎上げ動作
IA：そり縮みと結びついていない独立したそり返り
Kr：クリック鳴き
Kd：コガモ本来のクリック鳴き
Pn：そり返りと首振り泳ぎをともなった交尾後の遊び
Ns：雌の首振り泳ぎ
Gg：オナガガモのゲエエエエゲエエエ鳴き
Spi：槍状に長く伸びた尾
Rr：雌によるけしかけや接触声のときのr音声
HV：体前面を高く上げながら行うけしかけ
Ss：階段状の尾
Sz：尾根形紋と色彩の明らかな側面とをともなった嘴の模様
OP：雄の笛声音の欠落
LS：ランセット形の肩部羽毛
BFk：青色の次列風切
PiH：けしかけとしてのポンプ運動
Fz：ツクシガモ類の翼の黒白と赤褐色の模様
SwK：黒色の雛の羽毛
MKst：ガン亜科の雛の接触声
Ef：雛の単色の羽毛
He：交尾の前ぶれとしての頭をもぐらせる動作

■カモ亜科の種類
1. バリケン
2. アメリカオシ
3. オシドリ
4. ワキアカガモ
5. ヒドリガモ
6. オカヨシガモ
7. コガモ
8. キバシガコガモ
9. アオクビコガモ
10. マガモ属
11. 南米産キバシオナガガモ
12. オナガガモ
13. ホオジロオナガガモ
14. アカハシオナガガモ
15. シマアジ
16. ハシビロガモ
17. ツクシガモ
18. アカツクシガモ

をどう評価するかという動機づけを視野に入れなければならない問題も残っている。しかしながら、一九九〇年代になって、集団遺伝学や行動生態学の成果を踏まえて、このような行動要素の類似性に基づく近縁種間の系統関係を研究することが始められている。

二、もう一つの問題――エソロジーから

動物のことば

行動は特定の刺激に対して特異的に、かつ自動的にまるで「鍵が錠前を開けるように」発現すると考えられることがあった。日高敏隆さんは、この行動の発現の仕組みをジュークボックスに類比して表現した。つまり、曲を選択しその一つのボタンを押せば、その曲の音楽（だけ）が流れるというものである。サイン刺激は発信する側の一つの意図や欲求を直接に示し、相手の行動を促進、抑制、喚起、変化させる働きをもち、そうした一義的な情報を相手に伝えているという一対一対応の見方である（52ページ図16参照）。その結果、このサイン刺激や社会的解発因、行動連鎖という概念は、個体間に生じるコミュニケーションの社会的文脈の意義を過小評価させる傾向をもたらした。つまり、個体の行動がどのような社会的状況で発現し変化するのかを把握することには、さほど関心が払われなかったのである。正確に言うと、少し違っている。状況によって個体間の行動連鎖は、そう単純ではないことが数多く指摘されてはいた。ただ、それらの「変わった行動」や連鎖順序の異なった行動は、ノイズとして扱われたり、アブノーマルな行動として位置づけられる

ことがしばしばであったのである。

しかしながら、実は言うまでもないことなのだが、ある一つの意図や欲求を示すのには多様なディスプレイ行動がある。たとえば、愛情表現にはいろんな仕方があって、それも個体変異に富むようにだ。「好き」という一つの意志を表現するのには、人それぞれのやり方があるわけだ。また、その動機の度合によってもディスプレイ行動には変異があり、「好き」の程度（?）や対象によって差異がある。つまり、この行動発現に対する動機づけの程度の示し方は、いくらもあると考えられる。たとえば、イトヨ類の威嚇行動の典型は逆立ち行為であるが、その威嚇の内的状態によってその逆立ちの斜度が緩くなる。相手への威嚇衝動が強いと斜度が直角に近くなる、弱いと水平のままわずかに接近するだけなのである。その間を程度によって、斜度が連続的に変化する。また、威嚇しても相手が退かない場合、営巣雄の行動は単に逆立ちした姿勢から砂掘り行動という巣作りのさいにみせる行動に転位される。

行動連鎖における文脈

スミス（一九六五）が、行動の意味は解発因としての信号発信時の状況という文脈と、その発信者がもつ情報（メッセージ）によって構成されるとしたように、サイン刺激など他個体への伝達行為の作用や効果は、その状況の文脈に応じて異なる。たとえば、ある種のサルにおいて発せられる鳴き声が餌場においては警戒のための意味となるが、同じ音声でも隣接群とのナワバリ境界では攻撃的な意味をもつようなことがある。この例に即せば、サルやトリ、カエルなど音声によるコミュニケーションをする動物群において、ある一つの音声型ごとにそれぞれの発現状況を知る必要がある。すなわち、個々の個体行動がいかなる社会的状況という文脈の中で発現されるかの把握こそが問題である。

ティンバーゲンの行動連鎖の解析があまりに見事であったため、すべての行動という現象が要素的な単語としての〝言葉〟の機能があるかのような印象を与えてしまったのである。もっとも、彼は『動物のことば』（一九六七）という一般向けの著作において、自分自身の転位行動についての先駆的研究を紹介しているわけだが、現在においても、行動が人間の言葉と同様な分節化された意味作用をもつものと短絡的に強調、あるいは了解され過ぎている嫌いがある。

すなわち、行動というものは容易に人間言語の単語のように分離され、それら個々のすべてに意味があるかのように一般に浸透していった。それは行動に対する見方の一つの有力な背景となっている。あるいはいっぽう、実際に行動を研究として扱う者にとっては、行動は非常にわずかな項目に、しかも多くの場合、安易に分節化され、それだけが意味があるかのように扱われてきた。賞・罰や快・不快に基づく、つまり〝報酬〟を、行動をおこす動機の前提にする行動主義は、あるテーマに対していくつかの項目に分類された行動の結果における利得を主題にする行動生態学に、いかにもよく即応するといえるかもしれない。しかしながら、それはローレンツが強烈に批判してきたワトソン流の行動主義の復活を意味し、人間のある一側面の目によってだけ〝見やすい亡霊〟にまとわりつかれていると言えよう。つまり、行動生態学の行動への視点に関する限りは、行動を報酬と罰に基づいて定式化し、個体にとって望ましい行動様式を強化するという行動主義の演繹に類似している。

恋心の内情

トゲウオ類の雄はナワバリに入ってきた雌を最初、攻撃し突つくことがよくある。これは何もその雌が彼のタイプでなく気に入らないからではなく、この攻撃には機能的な役割があるのだ。しかも、それは雌雄双方に適応的である。この〝出会い〟の最初の攻撃によって、雄は性的動機づけの弱い雌を追い払い、いっぽうでは、その攻撃にもかかわらず追従しようとする動機づけの強い雌とだけ配偶することができるのである。雄はそうした強い動機づけをもった雌を好む。何だか我々にも覚えがあるように、好きな人には最初、冷たく無関心を装って接してしまうというのに似ている。

この〝見かけの攻撃〟は、強い性的動機づけの雌を保証するわけだ。巣に入っても産卵することなく出てくる雌を避けて、確実に産卵する雌だけに求愛するのである。さらに、これによって雌のほうは雄の攻撃力を知り、ナワバリを保持できるかを判定するのである。すなわち、この最初の攻撃行動は、雌雄互いの質を〝判断〟する資料となると解されている。

〝見かけの攻撃〟は他の種においても見られ、たとえばカジカの一種でも観察されている。この種は求愛時に雄が巣穴の前を通る雌の頭部を口でくわえる（図29）。もし雌が性的に動機づけられていれば、そのまま雄に誘引されて巣に引き込まれていき、産卵にいたる。また、産卵に動機づけられていない雌は、雄の噛みつきを攻撃として反応し、もがいて逃げる。これによって雄は、雌の産卵への動機を〝判断〟するのである。この雄の噛みつきはあくまで求愛行動であり、最良の異性を選ぼうとするかけひきとも言える行動であると

図29　巣の前に近づいた雌を噛む雄のカジカ（Morris, 1956）

考えることができる。得手してどんな動物も、求愛の内情とはこんなものかもしれない。

こうした相手の動機づけの確認行動は、行動生態学的な個体の適応とも関連づけて展開できよう。しかしここでは、よりよい異性を選択する適応的行動という究極要因の解明を目的とする行動生態学的観点と、産卵行動への動機づけの確認や行動連鎖というエソロジー的な至近要因を解析する観点とがあることを確認しておくにとどめよう。

気分の問題——刺激の累積性

サイン刺激や解発因は受信者の反応の単純な喚起であり、即時的な効果をもつ行動であり、それらに関しては多くの研究がされてきた。しかしながら、行動は刺激が累積することによって発現されるという、一歩踏み込んだ観点についてはさほど研究が進展しなかった。これは行動が単に、食物供給を意味するベル刺激によって即時に反応し、唾液が出るパブロフ反射ではないことを意味している（図30）。つまり、徐々に行動発現への

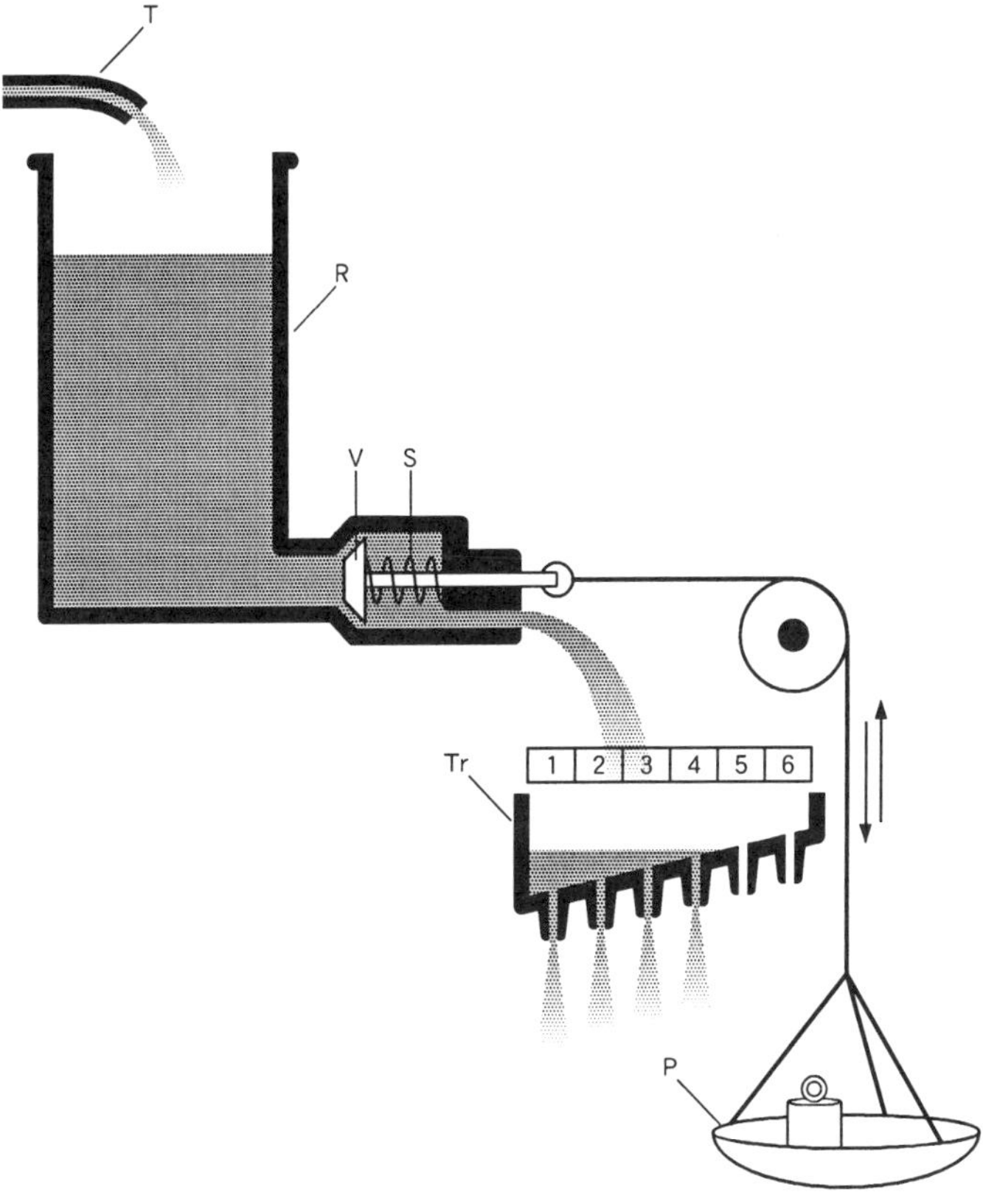

図30　ローレンツの水力モデル（Lorenz, 1950）
行動発現へのエネルギーを水で表現している．行動が行われないと，水は蛇口（T）から水槽（R）に蓄積していく．弁（V）がスプリング（S）で閉まっているときには何の行動も現れないが，スプリングが動いて弁が開くと，穴の空いた水盤（Tr）に水が落ち，そこから流れ出して行動が起こる．弁の開きぐあいは，弁を押す水槽の水量（内的衝動の強さ）と弁につながった分銅（P）の重さ（外的衝動の強さ）の組み合わせで決まる．水盤に落ちた水量によって，水盤から流れ出る穴の数が異なる．これが発現する行動の種類である．

エネルギーが累積し、それが溢れ出るように放出されることによって、外に行動となって現れる。だから、ハリヨの雌は赤い腹の雄を見れば、追従するかというと必ずしもそうではない。しかし、このエネルギー蓄積・放出説は最近はあまり展開されていない。この説の正誤はともかくとして、わが国のエソロジーにおいては、動機づけに関する研究やその志向はほとんどないに等しい状態である。

たとえば、トゲウオの求愛の行動連鎖を思い出してみよう（52ページ図16参照）。そこでは雄のジグザグ・ダンスによって、抱卵雌は直ちに反応して雄の追従するような図式ができ上がっている。しかしながら、一回のダンスで雌が反応するとは限らないのであって、雄の度重なるダンスや巣と雌の間の往復によって、雌のおそらくは内分泌組織の変化に裏打ちされた産卵衝動への高揚を促すことになっていると考えられる。社会的解発因は確実にかつ即時的に効力を発揮すると思われがちであったが、それらの刺激の中には累積的に効力をもつ場合もあるのである。

動物の行動は、直接的には解発因という鍵刺激に対して反応する。しかしながら、その刺激があれば絶えず紋切り的に反応するのではなく、反応者の動機づけの多寡に基づいても発現する。つまり、いくら強い刺激であっても、動機づけされていなければ反応しえないのである。ハリヨの営巣雄がすでに育児行動に動機づけられると、いくら抱卵して腹の大きい雌がナワバリに来ても、求愛行動という反応をほとんど示さない。彼はもはや、性的に動機づけられていないからである。無論、その刺激の出現によって、行動の発現が促進される効果はある。たとえば、さほど造巣に熱心でない雄が、腹の大きい雌の出現によって造巣・求愛行動の動機づけが増長されることがよくある。

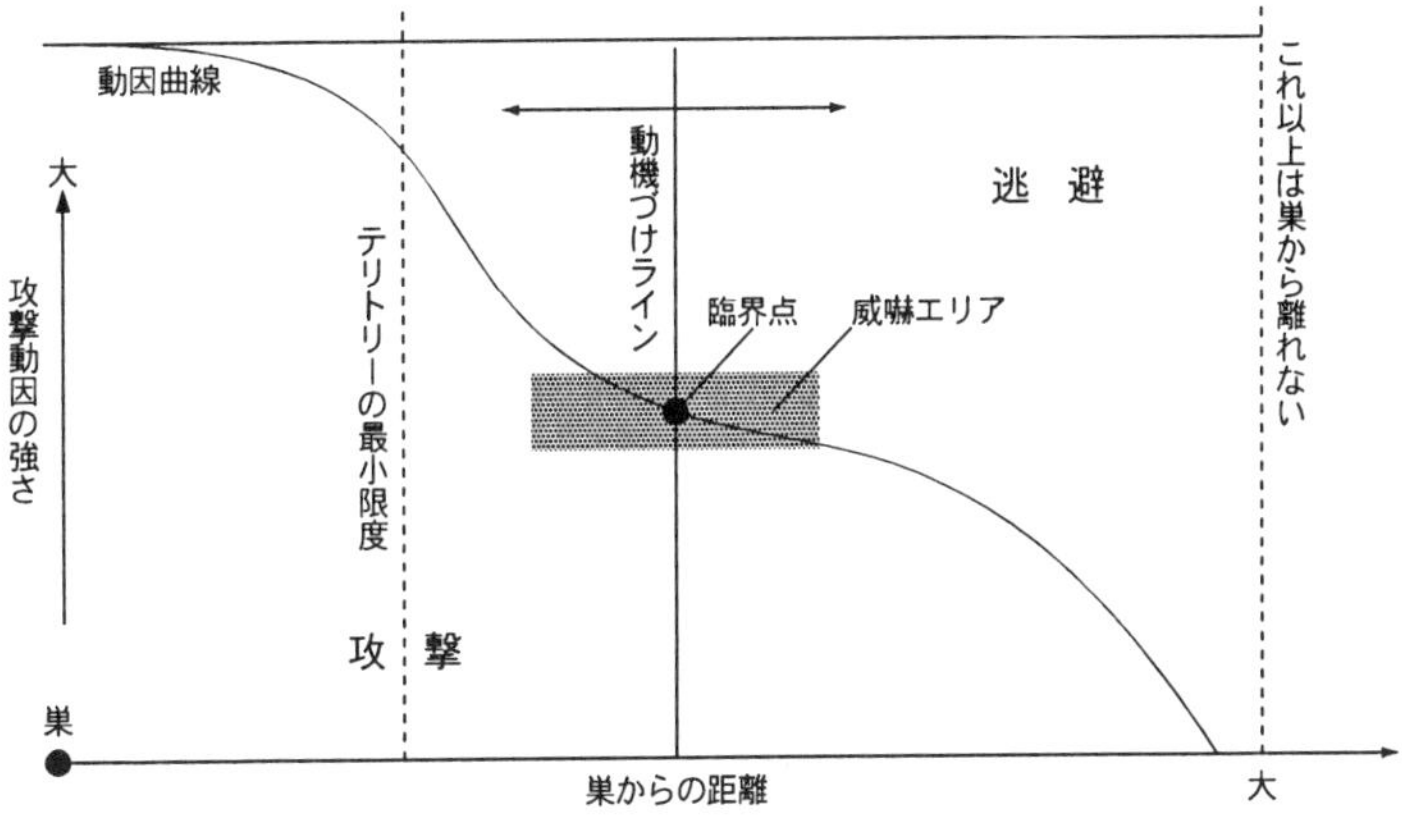

図31　巣からの距離に伴う雄の攻撃と逃避の関係モデル図
巣から離れるほど逃避の部分が広くなり，近づくほど攻撃の部分が広くなる．動機づけラインは垂直の点線の間を左右に平行移動する

逆立ちの意味

巣に近づけば近づくほどトゲウオの営巣雄の攻撃性は増し、特に巣に卵をもっている雄はもっとも攻撃的となり、侵入者に対しては噛みついたり激しく突ついたりする。逆に、巣やナワバリから離れるにつれて彼の〝恐れ〟は増大し、巣から遠くの見慣れぬ場所になればなるほど、その場からすぐにも逃避するようになる（図31）。

ナワバリの境界付近では、雄は攻撃と逃避への衝動が等しいとされる。そのようなとき、雄は侵入者に対する威嚇行動として逆立ちの姿勢をする（12ページ図1参照）。この行動パターンもティンバーゲンによってあまりにも有名である。威嚇とは、攻撃動因と恐れからなる逃避動因との葛藤状態から生じる行動である。この逆立ちはおそらく、砂掘りをする際の姿勢に由来しており、転位された行動の典型といえる。

では、なぜこの姿勢が威嚇行動として転位されたのだろうか。この逆立ちの姿勢は、正面から見るときよりも大きく相手に見えるはずである。人間でいえば、喧嘩のさいに面と向かい合って胸を張って、脅しをしているのと同等なわけだ。タレントのタモリさんいわく、「猫背で因縁つけるわけはない」ということになる（NHK番組『タモリのウォッチング』にて）。これはつまり、効果的に相手に対して、自己の動機づけ状態、すなわち気持ちを伝達している結果となっている。

この威嚇行動の主要な機能は、無用な攻撃をしてエネルギーを浪費したり、致死や負傷の危険を冒すことなく競争者を排除することである。実際に、侵入してくる他個体を逐一攻撃していては、大変なエネルギーを消費するであろうし、その闘争時に危険も生じるであろう。また、攻撃される側も同様な損失がある。そんな損失があっては、肝心の配偶・子育てが成就されにくくなる。だから、直接相手の体に接するアタックをすることなく逆立ちの姿勢を示すだけで、「こっちへ来るな、来れば攻撃するぞ」というこちらの意図を伝達するという効率的な方法をとるほうがいい。しかも、それは攻撃と同様の機能を果たすのである。

ジグザグ・ダンスの実際

巣が完成すると、雄はナワバリに入ってきた雌に対して、ジグザグ・ダンスをして求愛のポーズを示す（52ページ図16参照）。求婚の意志表示をするわけだ。その求愛に雌は反応して、頭をやや上向きにした上向姿勢をする。これは雄の結婚の申し出に対するOKを意味する。というように多くのテキストには書いてあるし、ティンバーゲンがそう記している。これはトゲウオの有名な行動連鎖の中でも、もっとも典型的な確立された一連鎖となっている。

しかし、正確にいうとちょっと違う。この表現が擬人化だからというわけではなく、そもそも野外においてはそのような典型的な行動はまれにしか見られないからだ。ジグザグ・ダンスというのは、雌が雄の誘いに乗らない場合、雄が雌の動機づけをうながすという機能の意味をもつ。実験下で雄の水槽に卵をはらんだ雌がポイッと入れられた時、その急に環境が変わった雌は雄にいくら求愛のモーションをかけられても、どうしていいかわからない状態になっている。そうした時に、雄はジグザグ・ダンスをして、ボーっとしている雌に注意を喚起させるのである。そのダンスによって、雌は産卵しなきゃと、ハッと我に気付いて雄に追随していく。

しかしながら、自然下では、雄と雌の〝出会い〟は一目会ったその時で、次の行動の多くが決まる。産卵を目的として雄のナワバリに入る雌は、ジグザグ・ダンスなどなくても雄に追従する。なかには巣の入り口まで雄の誘引がないにもかかわらず、勝手に近づき無理にでも入ろうとさえする。ただ、雌のほうが反応を示さないほど、雄のダンスはジグザグの速さと数を増す。また、雄は求愛行動への一定の投資を超えても雌に無視される場合は、逆に雌を追い払う行動に移る。

このジグザグ・ダンスは雄の求愛への動機づけの程度と、雌の反応によって大いに変異がある。配偶時以外の日常においても、社会的状況や個々の当事者の内的状況によって互いの関係が決定されていく。これらは自己の〝感情〟の発現としての表情・行動という伝達ではなくて、相手の出方によって発信者の行動が決まる、まさに社会行動の文脈に沿った行動発現の様相である。すなわち、発信者同士の社会的解発因の交換だけによって、個体間のコミュニケーションのすべてが形成されるわけではないのである。

三、目に見えない部分——エソロジーへ

動機づけ

　ここで再三、注意しておかなければならないことは、動機づけというのは「全か、無か」の状態であるのではなく、また、いっぽうの動機や衝動に完全に支配されて他方の動機づけが皆無であるわけではないことである。エソロジーは、観察される行動と内的な動機や意図が一対一に対応しているという、素朴な実体論を抜け出している。

　ファンニングなどの育児行動に動機づけられているはずであっても、雌が来れば彼女に対して求愛的な行動を示すことがある。そうした曖昧な行動は特に、最初の配偶から二、三日経った後から四、五日間に多い。この期間までの育児初期には、まだ雄はできるだけ多くの子孫を残すために、ファンニングしながらも雌と配偶しようとする。しかし、それ以降は雌がナワバリ内にやって来ても、配偶にいたることは少なくなり、しだいに皆無になっていく。

　にもかかわらず、この間も、雄は思わせぶりな振る舞いを雌に示すのである。すでに育児に動機づけられているならば、ナワバリに近づくすべての他個体に攻撃を加えるべきであろう。なぜなら、雌を含む他個体は、巣の卵を食べたり盗んだりするからである。これは一度に多くの個体が侵入したため攻撃しきれないからではなく、充分な攻撃の猶予があるのに一尾の抱卵雌に求愛の素振りを示すのである。この雄の雰囲気(?)は、ファンニングに終始する孵化間近になるまで認められることもある。まるで、諦めの悪い優柔不断

な色男にも見える。ここで、これも何か生物学的な説明をしなくてはいけないのだろうが、あえて擬人化したほうが今のところわかりやすい。そういう雄は配偶回数が少ないため、完全に育児に動機づけられていても、雌が来ればまだ求愛しようかと迷っている結果なのかもしれない。ここに動機づけの複雑さがある。

全か、無か——行動は一つしかできない

この動機づけという問題は、二個体間で、ある刺激に対する効果を比較するさいに困難さを生む。比較するためには、両者の動機づけが同程度でなければならない。たとえば、二個体の雄の前に雌を出現させて雄間の反応を比較する場合、両雄の性的動機は同レベルである必要があり、雄であればよいというものではない。また、摂餌実験における空腹個体と満腹個体とでは、餌に対する反応が異なることは容易に推察できる。

ところで、動機づけとは行動の変化を引き起こす内的過程である。簡単に言えば、ある特定の結果を得ようとするために、特定の行動をとろうとする状態を示すさいに用いられる。外部環境の変化に影響を受けず、また成長や成熟などの変化が伴わなくても行動が変化する場合、それは動機づけの変化によると位置づけられる。この変化はたとえば、産卵直後としばらく経た後で、それぞれの状態に応じた可逆的なものである。営巣雄はナワバリ内に雌が入ってきた際、ある時は求愛行動をし、またある時は雌を追い払う。後者の場合が求愛産卵行動の直後である。しばらくすれば、ふたたび求愛に動機づけられ、この雌に対する行動変化が何回か繰り返されるのである。

以上のことをまとめておくと、ある一つの行動をしているからといって、その現れた行動だけに動機づけ

られているわけではない。なぜなら、動物個体は同時に複数の動機づけをなされ得るが、行動は一つしかできないためである。

ナワバリを維持する営巣雄は攻撃に強く動機づけられているが、侵入雄に対して恐れが混じった逃避への傾向も生じる。その傾向は巣から遠ざかるほど強くなる。ここでは攻撃と逃避への動機づけが板挟み状態となり、ナワバリ境界ではどっちつかずの行動である逆立ちとして現れ、威嚇という機能をもつことになるのだった（本章扉写真）。

図32　ジグザグ・ダンスの三様．雄の動機づけの強さや雌の出方によって雌に接近する雄の泳ぎ方が異なる

また、ナワバリに抱卵雌が入ってきた場合は、求愛に動機づけられた雄はその雌に接近するが、ここには求愛と侵入者への攻撃の二つの衝動が均衡している。ここで生じるどっちつかずの行動はジグザグ・ダンスとして現れ、それが雌への求愛ディスプレイともなっていると考えられた（図32）。

侵入雄や雌に対する営巣雄のこれらの状態は、接近と回避の双方の要因が同時に個体内に動機づけられているのである。その結果、葛藤状態が生じ、どっちつかずの行動として現れる。種がもっている行動レパートリーのうち、ある時点ではある一つの行動しかできない。行動は他の行動とは非両立的なのである。したがって、我々は目にする行動だけから、その意味を判断することを慎重にしなければならない。行動の内面もまた検討対象となるのである。ここにおいては、行動は観察すべきすべてではあるが、解釈する対象としてのすべてではない。

数量化への道

個体による行動の内面への考察は、その個体自身の動機づけや衝動がどのようなものであるかを理解する上だけでなく、個体間の関係を吟味するさいにも重要な論点となる。内面は他個体によって大きく左右されるからである。ここでいう内的な構造とは、有機体としての生理的過程を意味しない。

発現される行動の内側には、複数のさまざまな程度の動機づけがある。これは光や温度などの環境条件、また内分泌や成熟段階などの影響を受けるが、他個体の存在や振る舞いによっても依存し行動は規制される。行動が発現される方向や様式は、その個体が置かれた社会的状況によっても大きく影響されるのである。私はこの内的な構造を〝社会〟という枠に引出し、社会構造の要素として位置づけたいと思うのである。

ここに社会関係が生じるわけだが、ほとんどの行動の研究はいっぽうの個体の側からみた視点に基づき、行動の機能性を議論することに終始している。そこで観察される個体は匿名性に満ち、ある特定の行動こそが問題とされる。すなわち、これまでのエソロジーの多くは、行動するいわば実体としての個体を扱うのでなく、個体を介して現れる行動を視点の中心に置いてきたのである。簡単に言ってしまえば、個体より行動が問題であったのである。ただ、ローレンツにおける行動学は、その創始者であるという意味でパラドキシカルだが、他と異なっている。ガンの子マルティナ（愛称）という主体を中心に置いて行動を観察している。

ここにはエソロジーの発展のための未解決な課題が山積みされているように思える。社会を構成する最小単位としての個体間関係はまず対面的な二者間に認められる、多くは行動を介しての相互作用からなっており、それによって社会関係を形成するにいたる。この社会関係の分析には、エソロジカルな研究対象としても方法論としても未知の部分が多くあるといえよう。その未知はモヤモヤとして、万人に共通事項にはなっていない。それぞれ独自の個体史をもつ個体からなる社会関係は今のところ、数値には表現しにくい部分だからである。それは計器の発達にばかりでなく、視点の変換によっても把握できるものだろう。いずれにしても、社会関係をエソロジー的に展開していくためには、まず対象が数量化されなければならない。

エソロジーから

私は、数量化できないものは科学にはならないと単純に思っている。これは言葉通りにとってもらって構わない。その意味するところは、なぜその行動であって他の行動ではないのかを生物全体として説明する共通要因や普遍的枠組みを、誰もがわかる形で、つまり定量的に数値で把握するということである。特に一九七〇年代以降、行動生態学は、ある個体行動の意味を統一的かつ普遍的に説明する原理として、個体による行動現象がいかに適応的であるかを繁殖や摂餌などの成功率によって数量化し、それらを進化現象の中に位置づける方法を構築した。まさに、幾分なりとも定性的な記載に基づく伝統的なエソロジーに、万人に認知できるものとしての定量化をもたらしたのである。

この行動生態学が、進化する単位として理想型の〝経済個体〟を前提としながら、個体が行うある特定の行動を、たとえば、子の数を〝価格〟的数値と同じようにして経済学的に分析し、繁殖成功度としてその行動の機能あるいは価値を数量化した貢献は大きい。これはまさに、近代経済学を取り入れることによって、物理学的手法の手続きを行動学や生態学に確保したとも言えよう。その結果、行動の個体変異から生態進化をとらえようとする究極要因にウエイトを置いた行動生態学が、進化学的アプローチとして隆盛を極めたのである。エソロジーは行動生態学というスタイルによって、行動解析における仮説・検証の手続きを明解にすることに成功したといっていいだろう。行動という現象に対して、特にエソロジーが問題にした一つ、機能すなわち〝適応度〟をいかにして高めているかという観点に説明原理を置いたのである。

しかし、そうして多大な成果を挙げた「行動の機能性の適応的進化」という命題を中心とするばかりでないエソロジーも進展をみせている。それは、個体の行動を即、適応的・進化的にとらえようとするのではなく、また行動の結果としての生態学的意味を第一に考慮するのでもない。つまり、個々の行動要素間の関係や、個体間関係におけるある行動の社会的意味を解明するエソロジーが新たな展開を始めている。しかしながら、そうしたエソロジーは少なくともわが国においては、若干の行動目録の記載程度のことはあるものの、古典的エソロジーの範囲にとどまり現在も皆無に近い。また近年では、エソロジーの主要な課題である動機づけ、解発因、転位行動などといった概念はさほど顧みられない概念に陥っている。むしろ、こうしたエソロジーは大学で言えば文学部の心理学科や社会心理学科で関心をもたれて、サルやネコ、ネズミを用いて実験されている。だが、それらの多くは人間の心理学のための研究であり、そこで扱われる動物たちは実験動物という枠組を出ていない場合が多い。

本章で私は、ティンバーゲンが提唱したエソロジーの四つの基本柱のうち、行動の直接的因果関係に関する記述を中心にして、行動が社会関係を成立させる媒介物という側面を強調した。先にも述べたが、わが国において、その観点に基づく研究はあまりにも少ないか、不充分である。しかしながら、私はこの個体間のコミュニケーションの在り方と発達過程の解析というエソロジカルな観点を土台にして、個体間で行動を介する相互作用によって形成される多様な社会関係や、社会構造の成立・維持・消失の過程を数量化し分析する分野として展開したいと目論んでいる。すでに現在、私はこのストーリーに基づいた成果を提出し始めている。そこで個体の行動を観察集積することから、社会関係や社会構造を成立させている条件や状況など諸要因を解明している。言うなれば、それは他者の存在を前提にした行動から、個体が関係づけされていく構造化の様相を具体的に表現することである。つまり、エソグラムやその時系列（行動の推移）を記録するだけでなく、同場所で同時に社会的状況を形成する複数個体の行動を関係づける（構造化）ことによって、行動の差異や意味をあきらかにでき、さらには予測することができよう。これは、社会的状況という舞台における個体の役割を、他個体と関連付けながら解析することに他ならず、社会的文脈をとらえることによって、行動が発現する過程（内的なしくみ）を把握することと言い換えてもいいだろう。

これら複数個体からなる個別の社会関係や、組織としての社会構造のそれぞれの内や間で、おそらく自己完結性や規則性、因果性が認められるだろう。私の行動（学でなく）に対する視点は個体の特性だけに帰するものではなく、個体間関係の実情を記載するための目に見える手段という意味を持つ。これは「個体間関係を構成する行動から社会構造を構成する」視点といえる。行動は個体間のコミュニケーションを生む手段であると同時に、その結果として社会構造を枠組み化する最小単位でもある。今後、私は行動を介して共存的競争（!?）をしながら、社会を構成する個体間の関係を数量的に追跡できればと思う。

エソロジーの今後――Not Fade Away

ガリレオ・ガリレイは自然界を演算できる数という定量的な性質をもつ「第一性質」と、色、匂いや味あるいは好みなどの数量化できない性質をもつ「第二性質」に二分した。そこで彼は「第一性質」のみを対象とする近代科学のあり方を提唱した。物理学のめざましい発展においては、「第二性質」はほとんど顧みられなかったし、関わりを持ったとしても数値化して再表現されてきた。物理学はその後も、科学の模範となったし、それ自身めざましい発展を遂げた。

その古典物理学の成功をそのまま適用した社会科学は近代経済学であり、それはそれで多大なる発展をした。近代経済学は人間活動の「第一性質」である数量化できる経済的特性のみを抽出して、理論体系化したのである。それは一般に予測を可能にし、他の人文・社会の学問分野よりもいち早く科学の仲間入りを果たしたと考えられている。

だから、色や匂い、人の好み、あるいは気持ちさえも数量化することができれば、つまり「第一性質」に変換されれば、社会関係へのアプローチも古典力学的な方法で進展することができると考える。まずは、その変換が可能かどうかがポイントだ。それは波長計がない時代では、音声の客観的（相対的な性質をもつ）な数値化はできないように、ある課題は科学の発展によって時が解決するかもしれないし、恒久的に数値化が不可能である性質の事象もあろう。ただ、できるところまで、意味づけた行動を類型化し、個体ごとにかつ相手ごとに数値で表現していこう。私はまず、この変換を問題にしたい。それは要するに、生物個体をこれまでのような単なる「経済個体」としてとらえないことを意味する。ある個体の気持ちや個体間の関係をいかにして数量化し、他者との一々の関係から全体のあり方、あるいは構造を解析することが、このアプローチの目的となるのである。

エソロジーは行動生態学というスタイルによって、行動解析における仮説・検証の手続きを明示化することに成功した（図33）。行動という現象に対して、特にエソロジーが問題にした一つ、機能すなわち「適応度」をいかにして高めているかという観点に説明原理を置いたのである。しかし、そうして驚異的な成果を上げた「行動の機能性の適応的進化」という命題を中心とするばかりでなく、エソロジーは個体間で行動の相互作用によって形成される多様な社会関係や、社会構造の成立・維持・消失の過程を数量化し分析する分野としても展開できるはずである。

そのためには、個体の行動を観察集積すること

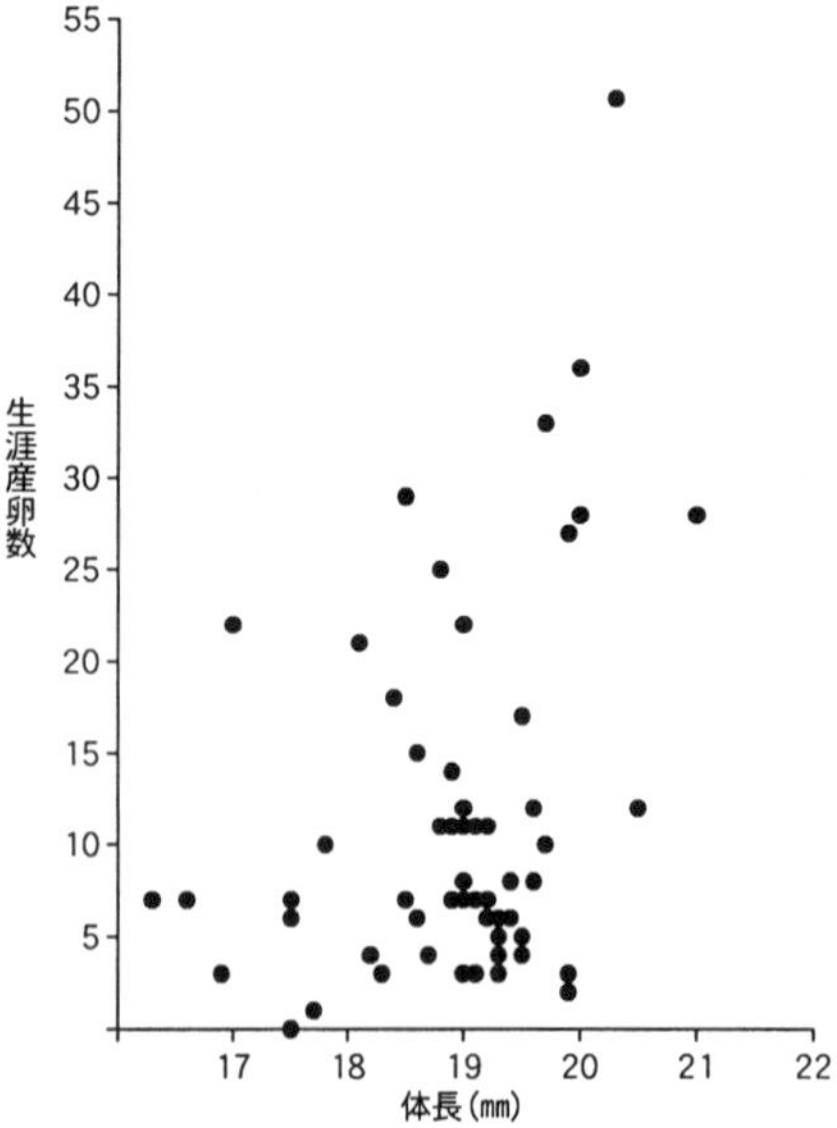

図33　典型的な行動生態学研究．イワツバメにおける繁殖成功と体長の関係

から、社会関係や社会構造を成立させている条件や状況など諸要因を解明することが望まれよう。言うなれば、他者の存在を前提にした行動から、個体が関係づけされていく構造化の様相を具体的に表現することである。おそらく、これら個体、社会関係、社会構造といったそれぞれのレベル内や、レベル間で自己完結性や規則性、因果性が認められるだろう。

第六章

社会学との“出会い”

巣を襲って卵食をする個体たち

『他の動物が観察者にアフォードするものは、単に行動だけでなく、社会的な相互作用も含む』
（J・J・ギブソン）

エソロジーと社会学との連携を主題とするこの章では、動物における行動という現象について、個体にとっての利益に基づく生物の経済的側面からではなく、まず、行動の内的な発現過程について述べ、これまでの行動観察における問題点を指摘してみたい。次いで、個体間関係が行動を介して社会化していく過程と、その結果としての社会構造について論じてみよう。

ここでは直接的な行動発現の引金としての至近要因の視点から、他者との関係を論じていく。それは複数の他者との交流からなる社会を機能系としてでなく、構造として理解する立場である。少し踏み込んで言えば、ただ今現在の個体間関係からなる構造を明示し、個体間に生じる相互行為の意義をまず解明することに目的をおく。ある一つの行動を介して生起する関係から、個体の一生を通した時間軸から成立する関係までの各レベルごとの構造をあきらかにするのである。これは動物の〝社会学〟として、議論を位置づけるべきものであり、そしてそれは今後のエソロジーが展開されるべき形態の一つであるのかもしれない。

一、行動のとらえ方

媒介としての行動

従来、動物の行動はどのようにとらえられていただろうか。少なくともわが国では、この「行動そのもの」

に関してそれほど重要にかつ詳細に考えられてこなかったようである。それどころか、顧みられもしていなかったとさえいえよう。ただ、日本へのエソロジーの紹介者でもある日高敏隆さんがローレンツなどを引用しながら、啓蒙的に、かつきわめて紳士的に論じてはいる。

「生得的解発機構」という概念がある。動物の行動にはその種に特有の遺伝的に組み込まれた行動パターンがあり、同様に遺伝的な種特異的な解発刺激によって解発され顕現化するというものである。この概念は本質的に、行動の内的過程や発現経路を論件とする。これを啓発的に（さらには挑発的でさえある）、そして根源的な地平にまで問題化したのがローレンツであるといえよう。彼は一九三〇年代、行動がもつ意味や行動間の因果関係を分析することの有用性に気づき、その研究指針を論理的にかつ系統的に展開した。ここで題材として扱うトゲウオに関して言えば、一九六〇年代初期までは、それに基づいたあるいはその影響下の研究があった。

しかしながら、私がここで論じたい「個体間関係を構成する行動から社会構造へ」という視点は、たとえばローレンツにおいてもあまり見当たらない。私の行動（学でなく）に対する視点は個体だけに帰するものではなく、個体間関係の有様を推察するための手段（目に見えるものとして）という意味を持つ。行動は個体間の相互作用を示す要素であると同時に、社会構造を枠組み化するための媒介でもある。

「行動の社会的文脈」とは

我々の目の前に現れた行動が、個体にとって本当にしたかった行動であったのか。あるいは、幾つかの可能性のある行動の一つが顕現されたものであるのか、そうであるなら別の行動とは何であり、なぜ発見されなかったのか。この差異の意味もしくは原因は当事者の個体の行動を追跡するだけではわからない。個体の行動発現としてのエソグラム（行動レパートリーの目録）だけをどんなに細分化したところでも、行動がもつ意味の差はクリアになり得ないだろう。そもそも、エソグラムは無限に細分化できてしまう問題がある。行動はふつう、走る、歩く、止まるというようにエソグラムという項目として表現され、それぞれ項目には意味があり言葉のような単位として把握される。ここでは、「走る」と「歩く」は「移動」という一つの単位に入れることが可能であるし、一つの項目としての「走る」は「駆け足」と「疾走」とに細分することができる。その結果、その細分化されたエソグラムに基づく推移パターンもまた無限に類型化できてしまう。

さらに、この行動の類別は、たとえば、同じ「走る」であっても、その後に「歩く」がくるか「止まる」がくるかによって、「走る」の意味を異にするように細分化できる。つまり、行動を細分する分節化に加えて、さらに行動推移のパターン化だけで解析するのは困難なのである。多様な社会的状況に対して、行動の推移パターンの組合せ数は無限大になろう。結局のところ、エソグラムは時間を分割的に解析する方法であり、そこにおける時間は無限小に、あるいは際限なく想定できるものであり、その恣意性からは逃れられない。つまり、相手個体を常に取り込まなければならないのだ。〝出会い〟から始まる個体間関係は、互いの個体の行動を同時的に分析する対象として位置づける必要があるのである。

ある観察者が、行為者XがYから水をもらった場面（写真16）を観察したとしよう。観察された行動はこれだけである。彼はこのXとYの関係をどのように判断するか。ここで、XがYに「水をください」と頼み、

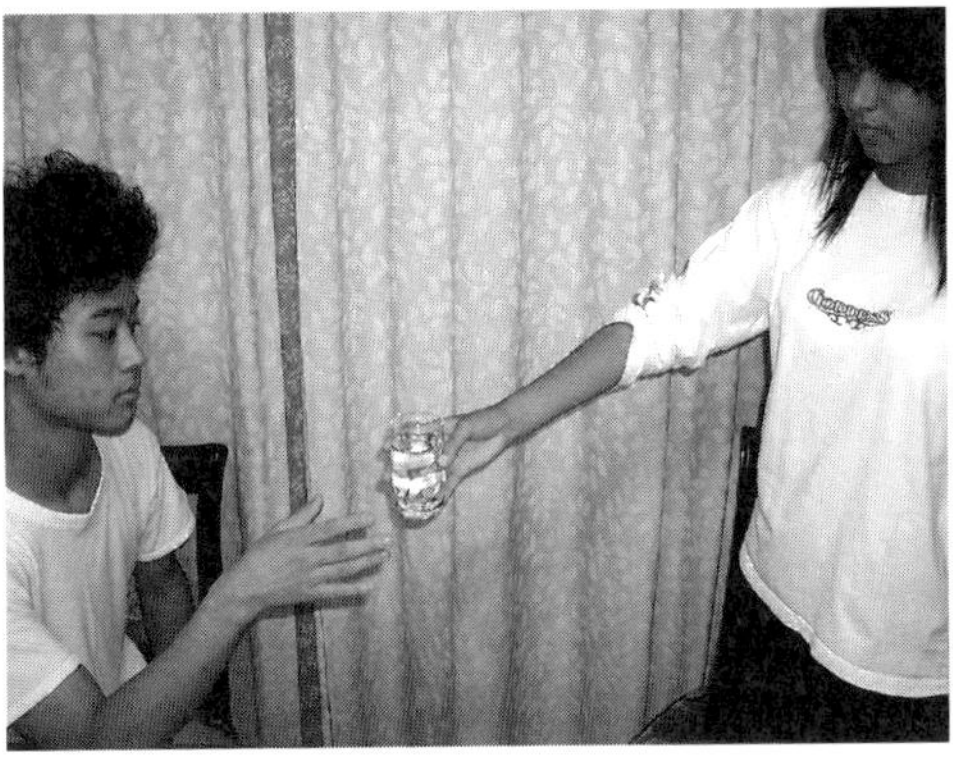

写真16 「水をもらう」光景．この瞬間は文脈によって多様に解釈することができる

与えられて「有難うございます」と言っているのが聞こえたなら、観察者はＸはＹに追随していると判断する。また、ＸがＹに「水！」と命令して水をＹから手にしていることがわかれば、Ｘが主でありＹが従の関係とみなせるだろう。あるいは、Ｘの目配せだけでＹがその意味を解し水を与えたと判断できれば、これらの関係は夫婦とみなせるかもしれない。このような関係を判別するためには言うまでもなく、まずＸとＹの置かれた状況や、その関係主（関係を形成する個体）の属性や個性を知ることが必要である。あえて繰り返すが、関係は状況や個体からなるある特定の過程（社会的文脈）を通じて形成される。出会った当初から、目配せだけで何を欲しているかはわからない。出会いの後に、一定の過程を経る必要があるわけだ。

エソグラムの時系列（行動の推移）や前行動を比較するだけでなく、同時に同場所での社会的状況を担う複数個体を関係づける（構造化）ことによってその差異や意味をあきらかにでき、さらには行動を予測することができるのではと思われる。社会的状況という舞台において、登場人物の役割を規定しようとすることと類似している。これは、社会的文脈をとらえることによって、他個体の存在が個体の行動に与える影響のしくみ、あるいは行動発現の過程（内的なしくみ）を把握することと言い換えてもいいだろう。

社会学のロジック

個体間関係はその成員間で行動に基づく相互的な交換、ないしはコミュニケーション行為によって情報交換が行われることで成立する。この交換は経時的な性質をもち、それまでの交換、つまりは社会的文脈に依存する。しかも、交換される範囲には、複数個体からなる一定の境界がある。この境界こそが社会であり、その中の個体間関係はまったくもって社会学の研究領域である。

ここで社会学がどのような性質の学問分野であるか若干触れておこう。社会学が常にその視野に入れる対象は、個体間の関係である。多くの人文・社会科学は、一般に人間の関係を扱う学問分野であると言えるが、それらはある特定の関係、政治的や経済的な関係の側面に基づいて還元し集約していくスタイルをとる。いっぽう、社会学が個体間の関係を対象とするということは、政治学や経済学、心理学などが対象とする諸々の特殊な関係を統合した（とする）、より一般的でより日常的な関係の有様を研究することである。ここで扱われる関係はある一つの特定の関係ではなく、個体を取り巻く諸々の関係の総体である。したがって、個体はすこぶるさまざまな様相をもつ実体である。それは他者を取り込む実体でもあり、結局、社会学的な性質をもつ。つまり、生物個体（おもに有性生殖する動物）はそもそも単体で存在することはできないのであり、他個体とともに存在することで個体は多様な関係の軸をもち続ける。ここで肝心なのは、個体という要素が集まって機能的な結合を成していく過程に、論理性や法則性を見い出すことである。

このように「個と全体の問題」を扱う社会学の方法は、教科書的に言えば概ね、ウェーバーに代表される「方法論的個人主義」とデュルケーム流の「方法論的集合主義」という二極のストーリーに集約することができる。これらはいずれも方法論的とあるように、必ずしも排除しあう軸ではなく、両極でありながら同一軸上にある連続的な視点であるとしていい。すなわち、社会の構成単位や枠内で作用するメカニズムをそれぞれ解析するさいに、個と集合体のどちらに重点を置くかで類別されるのである。

「方法論的個人主義」は、全体はある個別単位の行動の総和としてとらえることができる、という前提をもつ。力学での単位は質点であり、経済学では消費者や企業となる。そこで、個々の個体の行動から社会構造を解析しようとすれば、その形成過程が説明されるべき変数となる。その形成過程がいったんパターン化されれば、各個体の行動がある程度、予測可能となろう。ここでは、各個体が関係し合いながら安定した構造を成しているというだけではなく、そこに時間軸を加味した形成過程に関する仮説と記述が必要となる。その仮説と記述を「方法論的個人主義」という。

いっぽう、「方法論的集合主義」は社会現象は個体に由来するのではなく、社会システムを課題の中心に置き、個体はそれを機能的に運営するために振る舞うものとして位置づけられる。つまり、化学的な化合現象のように全体を部分に分割して分析はできず、全体は部分の単なる総和ではないと考える。とすれば、社会というシステム全体から個体の行動を予測することができよう。

これらの二つの主義は必ずしも相対立するものではないが、本論においては、どちらかと言えば、「方法論的個人主義」の立場をとっている。

全体と個

では、ここで「全体と個の問題」を、行動を媒介にして生起する個体間関係を最小単位として解析する作業をしてみよう。この主題は、「一個体の行動や環境世界が、全体の構造や秩序の成立にどのように関連するか」という問題を土台にしつつ、この問題に対して個体間の関係はどのような意味をもつかということになる。少し具体的に言えば、個体間に認められる社会行動から、全体としての社会構造を構築するにはどうしたらいいのか。言い換えれば、個体間の個々の相互作用から社会関係や、社会構造が成立するに際しての行動の役割（機構、過程、目的）を明示することである。

社会は、複数個体の集まりであり、個体と個体の関係からなる現象を意味する。その個体間の一般的なあるいは日常的な関係を、社会学は中心対象とする。それらの個体がおりなす関係のあり方をいかに扱い、リアリティのある表現をすることが可能かが社会学の課題である。関係ということを詰めると、関係する対象の枠組みの設定が重大となる。この枠組み問題は社会学的研究をするに際して前提となる大きな問題であり、社会関係を追究することによってより顕在化してきた。単純に言ってしまえば、ある一個体は同種とはいえ自分自身以外の、すべての個体たちと接触し関係をもつわけではない、という自明かつ厳然たる事実から生まれる。それゆえ、枠組みをまず導き出し、そこでの個々の個体の役割を解析する必要がある。いわば、全体と個の中間にあるのが社会であって、社会は個の対立語ではない。ここで生起する、個体はいかにして全体と関係するか、という課題はすこぶる社会学的なテーマである。

個々の個体は互いに利己的に主張しあって他者のことなど眼中になくても、構造や秩序が保たれるところには〝神の見えざる手〟のごときメカニズムが存在するのであろうか。もし存在するとしたら、それは生物学的にどのような形状を成しているのであろうか。まず、境界のある一種の枠内で、個体はどのように他者を認知し、かつ認知されながら、自身の「関係枠」を構築していく過程を表出しているのであろうか。

たとえば、コストがかからない割に高く売れる品があれば、利得が多くなるから、誰もが他者よりも多く作ろうと競争する。その品が高く売れるのは、多くの人々が欲しがっているけれども、生産量が少ないためと考えられる。とすると、各人が自己の金儲けのために競争する結果、その品の生産量が増えて供給増加のため値が下がることになり、かつ多くの人々は安く手に入れることができることになる。つまり、自己の利益追求によって、市場全体としても最適状態になり、公共の利得が増進することにもなるというわけだ。ここにアダム＝スミスのいう〝見えざる手〟のメカニズムが潜んでいる。

すなわち、この利己的競争を介しての個体と全体を縫合するロジックを巧みに完成させたのは、言うまでもなく「市場」という場における消費者や企業といった経済主体の活動を扱う経済学であった。近代経済学は一九三〇年代以降急速に発展し、経済学的論理や法則を数学的に証明し、表現化することに成功した。経済現象を価格という実数に基づく変数をもとに、経済主体の行動や市場の状態を数学的構造として示したのである。これは経済学が自然科学化し、サイバネティクスの方法に類似してきたとも言える。すなわち、個体が自己の経済的利害だけを追求し利己的に振る舞っても、市場全体としては均衡し、最適化状態が実現するという定理が証明できたとするのである。

エソロジーの〝見えざる手〟

現代エソロジーの多くの部分は行動生態学という形で成立しており、近代経済学からの援用として解釈される事例が多い。そこでの〝見えざる手〟は、自己と同じ遺伝子型の生残率や、適応効率を機軸にする動物行動の説明体系にある。その体系では個体が観察、分析、議論の対象であるが、逆に全体的な社会構造のしくみや個体間関係の多様性、また個体性が全体にどのような影響をもたらし、かつ全体から影響を受けるのかはさほど眼目に置かれていない。

その性質は消費者や企業の行動は効用の最大化という目的をもつという近代経済学に類似し、生物個体は効用関数に即してそれを最大化する行動をとっていると仮定することにある。それは、まったくもって一般均衡経済学モデルの前提を受け入れることであり、容易に数学的解析を適用することができるだろう。しかしながら、そこではたとえば、繁殖成功の軌跡だけを追跡すればよく、個体の平均化や個性の標準化しか出現しないことになろう。したがって、ここにおいては個体の気ままなで自由な振る舞いが、いかにして社会的な秩序を産出するかという課題は宙に浮いたままである。この解決の一つとしては、個体レベルの行動選択や意思決定に確率や統計的手法を用いることによって、そのより高次のレベルの構造を説明できるのかもしれない。

だから、社会構造を解析する際、個体のアイデンティティを顧みながら個体間の関係を形作るコミュニケーションを追究するべきエソロジーは、まだ「全体と個の問題」をまな板の上に乗せていない状態なのではないだろうか。そこでは、ゆらぎの多い意思をもった気ままな個体がどこまでその個体のアイデンティティをもちつつ、集団としていかに帰属されるか、といった社会学的アプローチによっても展開されると言っていいだろう。このようなことから、今後のエソロジーには社会学的な観点の導入によって、開拓すべき未領域である〝見えざる手〟の部分があるように思われる。

二、〝出会い〟から〝関係〟へ

関係をいかに捕捉するか

イギリスのハインド（一九八二）は、社会という現象を研究するさい、個体間の相互交渉‐相互関係‐社会構造というレベルに対象を分けることの有用性を論じた。これらの関連について、仮想的なサル集団を例にして説明している（図34）。我々はまず、個体の個々の行動を観察し、個体間の相互交渉の一般化をする。この相互交渉の継時的な記述から相互関係を抽出できるとした。それぞれのレベルを、（1）相互交渉＝個々の行動からなる個体間関係、（2）相互関係＝一連の相互交渉からなる個体間関係、（3）社会構造＝複数個体の相互関係から構成される全体と定義した。

個体間で観察される関係は、各々個体の一部分の交渉場面（相互交渉）を示すにすぎない。最小の相互関係は二者関係（ダイアッド）であり、分析すべき最小単位ともなる（図35）。あらゆる社会関係はまず面接的な二個体間の相互関係からなり、そこから個体の一般的な、あるいは日常的なできごとが生起する。これら

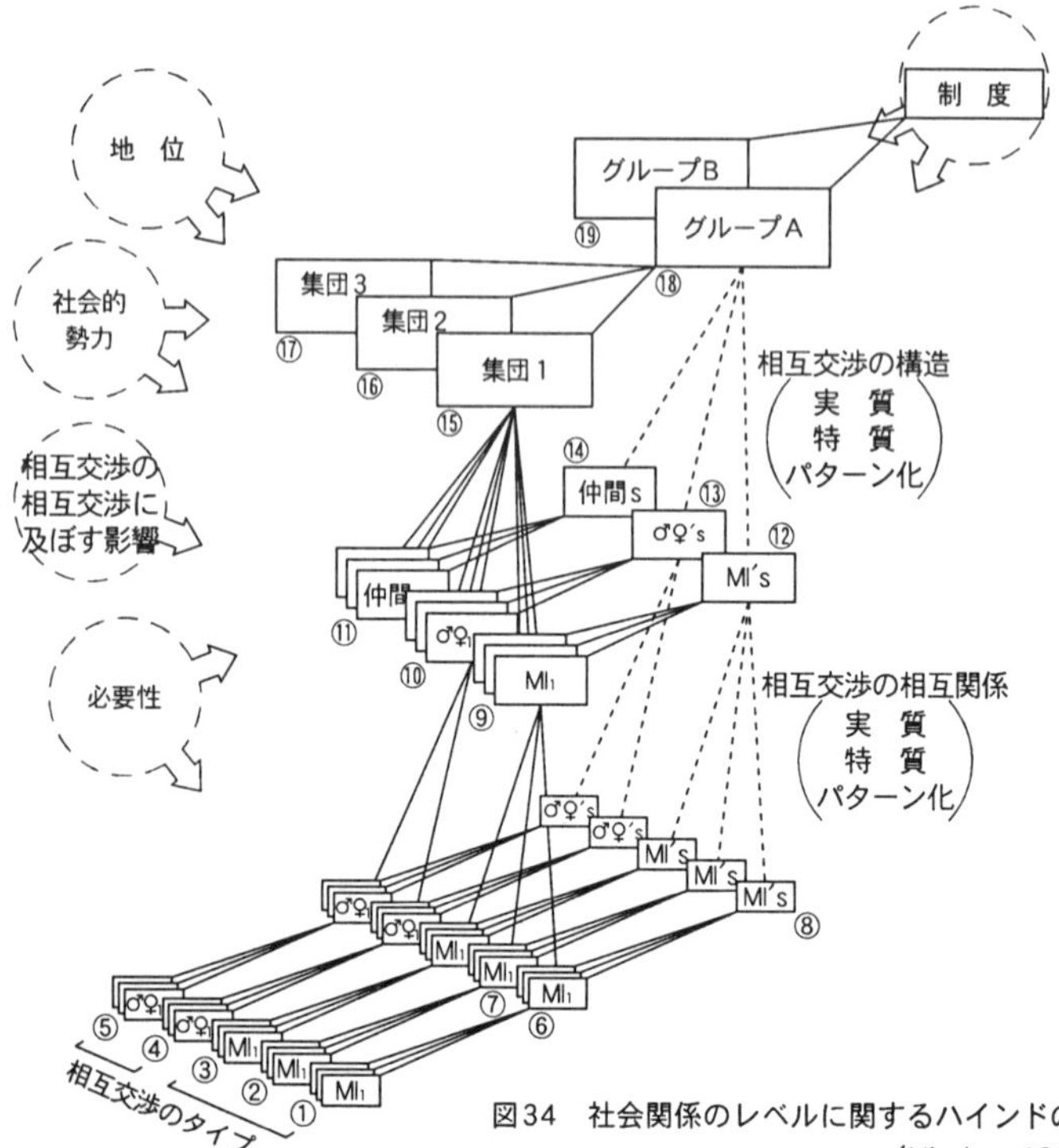

図34　社会関係のレベルに関するハインドの図
(Hinde, 1982)

相互交渉，相互関係，社会構造（それぞれを三つのレベルの長方形で表示）の間についての図式的説明．左から右へ，連続的な抽象化の段階が示される．破線の円は，各レベルにおけるパターンを説明するために必要な諸原理を示す．ハリヨを例にすると，長方形は以下のことを示す．①雄間の逆立ち相互交渉（個体間に認められる個々の行動），②雄間のかみつき相互交渉，③雄間のつつき行動，④雌雄間の求愛，⑤雌雄間の産卵・放精，⑥第一段階の抽象化—雄間の逆立ち相互作用の図式化，他の雄間の逆立ち相互作用の抽象化が後方に示される，⑦第一段階の抽象化—雄間のかみつき相互作用の図式化，他の雄間のかみつき相互作用の抽象化が後方に示される，⑧第二段階の抽象化—グループ（フレーム）内すべての雄間の逆立ち相互交渉の図式化，⑨雄間のナワバリ関係という個体間の相互関係．他の雄間のナワバリ関係が後方に示される，⑩雌雄間の配偶関係，⑪他タイプの特定の相互関係（たとえば仲間－仲間），⑫⑬⑭雄間，雌雄間，仲間どうしの相互関係の抽象化．これらは構成要素となる相互交渉の抽象化に依存する，⑮雄，雌，卵・仔魚などを含むグループの表層構造（社会構造），⑯⑰他のグループの表層構造，⑱雄，雌，卵・仔魚などを含むグループの構造の抽象化．これは雄間のナワバリ関係などの抽象化に依存する，⑲さまざまなグループの構造の抽象化．MI_1は雄個体間に認められる行動を意味する．$♂♀_1$は雌雄ペアを示す．MI's，♂♀'sはそれぞれ雄間，雌雄間の行動を一般化したものである．

は行動の一連の文脈を知ることから明示され、この作業は社会関係を構造化する上できわめて有効となろう。

これまで動物の社会構造に関する研究の多くは、ある時点の個体の空間的配置や、二者間における単位時間当たりのある行動頻度の程度に基づきスタティック（静的）に解析されてきた。それぞれの個体が置かれた状況を無視して、個体の行動を網羅的にかき集めてシグマ的総和を求めても、個体性に富んだ複数の個体たちがおりなす関係のあり方（社会構造やその形成過程）は動的に把握されえない。社会を構成する個体間関係は多様性に富み、かつ個々の二者関係は時間的に変動する。それゆえ、社会構造の理解のためには、個体間で相互作用しながら変動する二者関係の継時的データを集積することによって、集団構造の形成過程や関係の多様性と一般性を分析する必要があろう。

社会現象はサルやハチ・アリ類において顕著に研究されているが、そこにおける社会は、母系に依拠する血縁関係か、特に雄間に見られる順位制、あるいはこれらの双方に

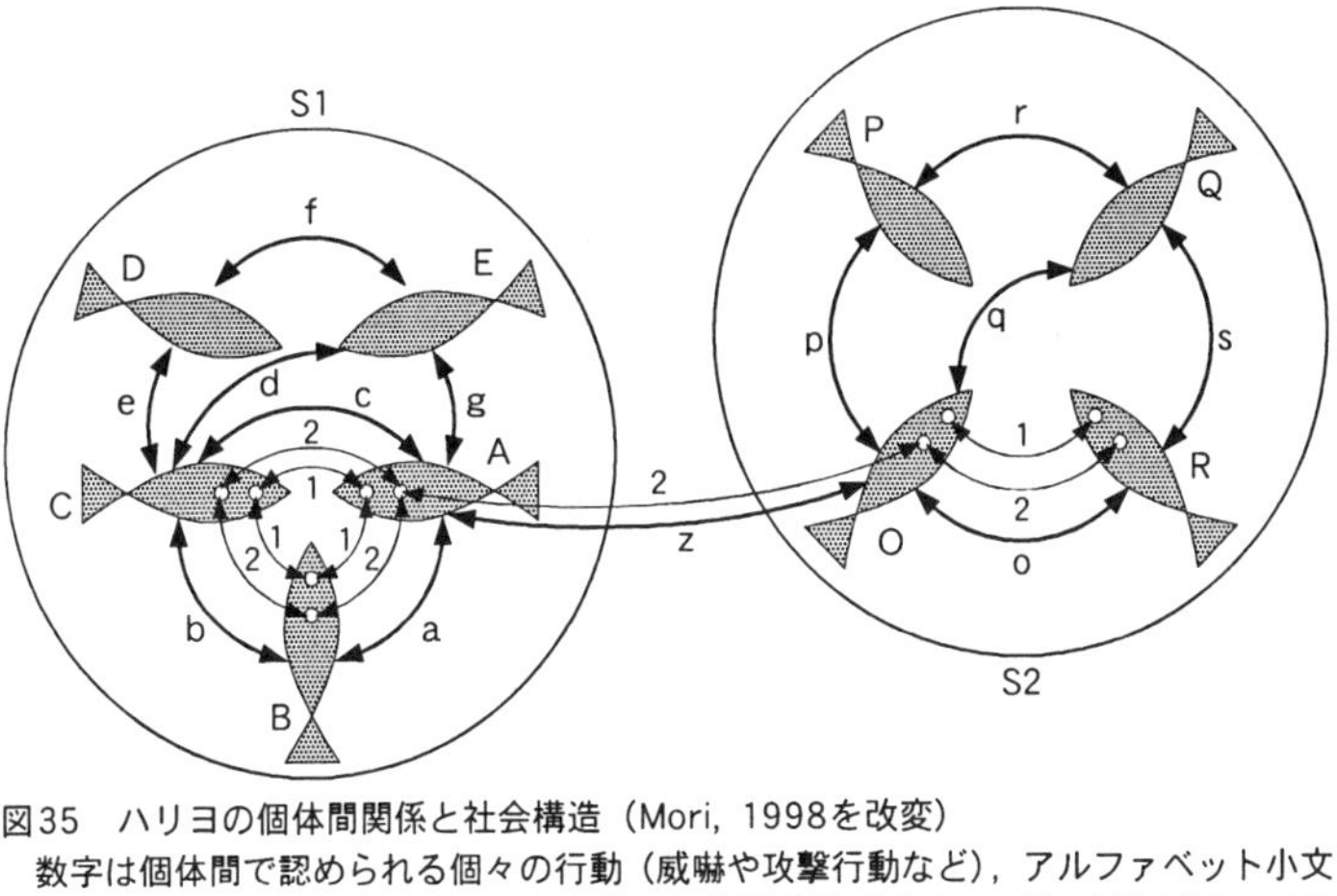

図35　ハリヨの個体間関係と社会構造（Mori, 1998を改変）

数字は個体間で認められる個々の行動（威嚇や攻撃行動など），アルファベット小文字は個々の行動を介して形成される多様な個体間関係（ダイアッド，例えばナワバリ関係を中心に形成される個体間関係），大文字は個体それぞれを示す．S1，S2は複数の密な個体間関係で形成されるフレーム（社会構造）．

基づいている。つまり多くの場合、関係はすでにある形式として記載されてきた。たとえば、女王や働きバチ、ボスザルとして類型化され、個体の役割が決まっているため、これまで地位もなく名もない個体の間にも存在するはずの関係の形成過程やその成立要因については、日本のサル学を除き、さほど注意が払われてこなかったと思われる。

しかし、関係は何時でもどの個体間においても存在するはずであり、それゆえ個体識別の意味もより有意味となる。また、社会関係や社会構造を、ある一時点で見られる順位として固定的にみるのでなく、あるいはたとえば、一位‐二位関係と四位‐五位関係における相互作用の頻度の差異を無視することなく、その差が集団の中でどのような意味を持ち、どのように位置づけて表現できるかを問題とすべきである。相互関係や社会構造は、ピックアップしやすい配偶や競争といった行動現象だけで成り立っているわけではない。そもそも個体は、すこぶる総体的な存在であり、さまざまな変動する要素、性質をそれ自身でもっている。だから、一個体のたとえば全繁殖活動を追跡すること、あるいはそのための方法を工夫することに、これからもっと目を向けるべきだろう。

動物の社会学は、一定の境界がある時間・空間の枠内で共時的に関係をもちあう、個体性に富んだ複数の個体間における相互作用を解析しなければならない。つまり、「関係枠」の境界の発見（他者の確定）と、そこに参加・関与している個体間関係から形成される社会構造をリアリティをもって把握表現することを目的とするのである。

映画『どん底』から

「おめえ、見かけん面だが」
「人の面残らず見かけようたって、そりゃあ、無理だよ、おまえさん」
「いやさ、ナワバリ中んさ、猫の面まで知ってんだが、おまえはどうも」
「するってえと、世間様よりおまえさんのナワバリがちょっと小せえてわけだ」
「そりゃあ、俺のナワバリは知れたもんさ」

黒沢明『どん底』

黒沢明監督の映画にロシアの文豪ゴーリキー原作の『どん底』がある。場面は木賃宿の中である。何箇所もの位置にカメラがセットされているが、場面はほとんど同一場所で、劇場舞台のようである。そこで十人ほどの、さまざまな氏素性の人間が逗留するうちに、色恋沙汰や金銭を巡る争い、現状への欝屈、衰弱死、殺人など各人物の葛藤に満ちたできごとが繰り広げられる（図36）。その中には、そうしたできごとに翻弄されていく者や、煩わしい人間関係から降りた者がいる。しかし、降りたといえども、木賃宿のまん中に居座って、心根は充分に人生をもて遊んでいる風体である。そして、たとえば、最後に、同じ宿の賭仲間一人が死んだのを聞いて、「馬鹿野郎」と嘘吹く。この映画は、この一言を言わせるために進行しているようですらある。ここでは映画批評をするつもりはないので、あらすじや主題については詳述しないが、この映画はまさに「人の世の社会構造」がクリアに縮図化され描かれている。出会う個体たちの境界が明確で、各個体間の出会いの発端が読み取れるように作られている。

映画『どん底』は他の映画とは異質である。まず、ヒーローがいない。登場人物の多くが主人公である。たいていの映画は、ある主人公を中心に不連続な時間軸に沿って、事件が現れ進行していく。しかし、この映画の構造的は他に類を見ない（図37）。ここで『どん底』と映画の構造を比較するために挙げる映画は、『インディ・ジョーンズ』、『史上最大の作戦』、『真昼の決闘』、『プラトーン』、そして『愛と哀しみのボレロ』である。むろん、ここでは、これらの映画の主題や質、嗜好は論の対象でない。

大ヒットしたスピルバーグ監督の冒険活劇『インディ・ジョーンズ』は、もっとも多いタイプの映画である。すなわち、強烈な個性をもった主人公によってストーリーが展開していく。彼がじっとしていれば、何も進まないといったくらいだ。自分で事件を作っていく感さえある。時間軸も不連続で、二時間の映画で何十年も表現する。ラブ・ストーリーやアクション映画はほとんどすべてこのタイプに属し、映画のストーリー展開の基本構造である。『風と共に去りぬ』、『E・T・』、『アンタッチャブル』、『007シリーズ』、チャッ

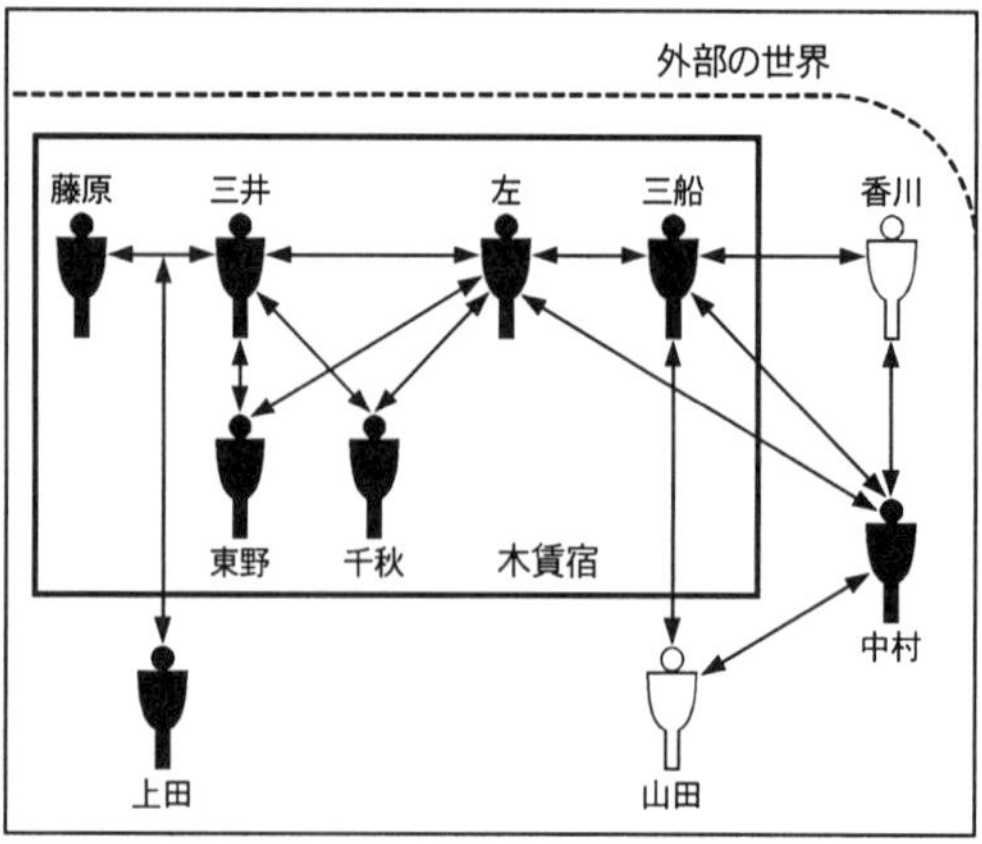

図36　映画『どん底』の人物関係図（黒は男性，白は女性で，人物名は俳優の姓）．木賃宿の中が舞台で，そこに登場する数人でほとんどの話が進行していく．一瞬，木賃宿の後方に外部の人々が現れ，外部の世界が垣間見える．一般に，日常生活はこうしたある程度確定的な枠内で，所定の人物との交流を通じて営まれている．

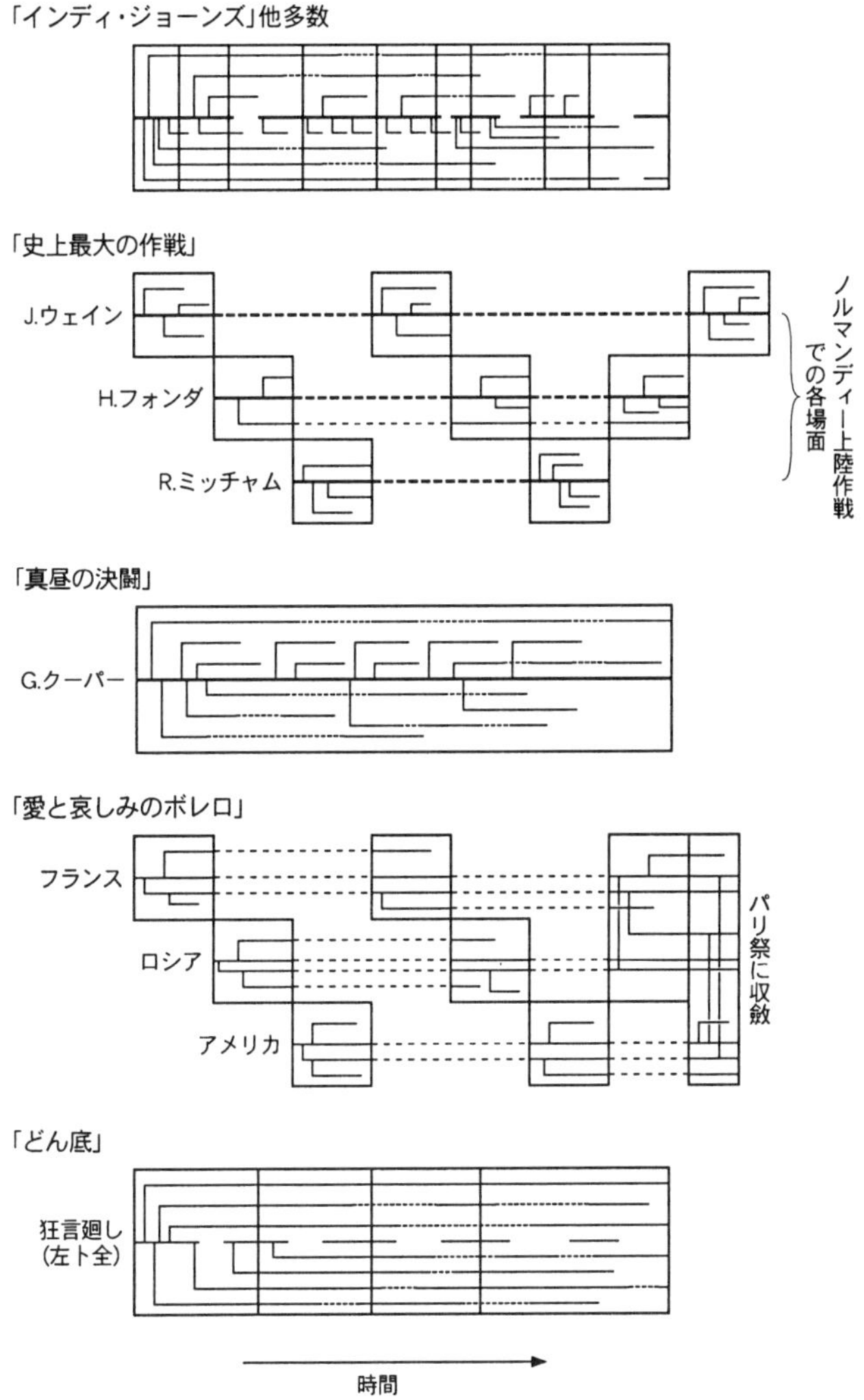

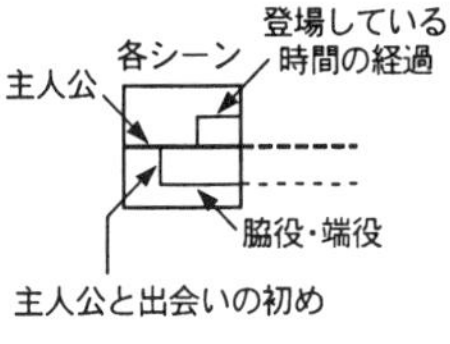

図37　映画にみる個体間関係と関係枠．横軸は登場人物の出演時間，縦軸は登場人物が初めて出会った時，また線の太さは主役（級）を，点線はその場面には出演していない時間を示す．枠は同一の場面やカットを意味する

プリンやディズニーの映画、などなどである。

『史上最大の作戦』はオールスターキャストでいくつかの場面ごとに主人公がいて、それぞれは小映画となり、それらの間にはさほど関連がない。寄木細工のようになっている。ただ、ストーリーは簡単でドイツ軍撃退の目的で進んでいる。場面の関係枠は、師団、大隊、中隊、小隊などレベルは異なるが、それぞれに配されている強烈な主人公がストーリーを引っ張っている。つまり、いくつかの『インディ・ジョーンズ』が連結したタイプであるといえる。

『真昼の決闘』は時間軸が視聴者と同じであるという特徴をもつ。映画の中の二時間は、実際の二時間なのである。簡単に言えば、午前十時から一二時までをドキュメンタリー風に映画化したということになる。主人公はゲーリー・クーパーだ。彼の視点だけで、彼自身を取り巻く個体間関係が映像で解説されている。

『プラトーン』はベトナム戦争時、アメリカ軍の一個小隊内における兵士間の確執が主軸となって、日常的なゲリラ戦をこなしていく。主人公はいるのだが、新参者の彼がストーリーを作っていくのではなく、古参の軍曹と伍長の確執を中心に生じるできごとの記録者のような役割を担っている。場面はいくつか展開されるが、ほとんど小隊という一つの関係枠を舞台としていて、他の小隊との関係枠の広がりはなく、また敵の表情や考え方は見えてこない。その意味では、アメリカのテレビ番組『コンバット』に似ている。しかし、『コンバット』では兵士間の関係はさほど重視されていない。軍曹率いる小隊が顔の見えない敵を撃破していくという内容であり、小隊はたいてい、統率され一丸となっている。その中で兵士一人が毎回主人公になって、あるエピソードを交えていくというものである。いっぽう、『プラトーン』は個体間の関係が細かに映されていく。しかも、いくつかの兵士間の関係は固定的ではなく、多様に変化していくことが認められるのである。

『愛と哀しみのボレロ』はこの中で、もっとも特異な映画ストーリーの構造をもっている。おそらく、『どん底』に近い。この映画は『どん底』のような構成をもった（内省深くは描かれていないが）、それぞれが独立したいくつかの場面から成る。この映画はおもに第二次大戦のヨーロッパが舞台で、イギリス、フランス、ドイツ、アメリカのそれぞれにさほど強烈でない主人公がいる。がしかし、映画全体の中心になる主人公はいない。また、関連のない場面を集めて寄木的になっているので、やや『史上最大の作戦』に似ているけれども、その場面の折々に、敵に打ち勝つというような明瞭な一貫した目的はない。最終的には、それぞれの状況で登場人物は交差しながら関係をもって、最終的にはパリ祭にそれぞれの目的で集まってくる。そのパリに達するまでにいくつかの出会いがあり、関係をもつにいたる。そこで全員が一同に会するわけではないが、出会いの可能性が高まることを予測して終わる。おそらく、この映画は数少ないタイプの構造をもっている。

個体の役割

ところで、黒沢監督の『どん底』は以上のどれとも異質である。

薄汚い木賃宿の中で、明瞭な役柄をもった人々が視る側と時間を共有するようにして、関係を形成しそこに社会が濃密に現れている。関係枠の存在が宿の内ということで閉鎖的であり、視覚的にも枠の境界が見える。この内ですべてが展開され、各自の生活や人生が進行する。そこに新参者が入り込み滞在することになり、木賃宿の外の広い世間の存在を示唆する。それは、「世間様よりおまえさんのナワバリがちょっと小せえてわけだ」「そりゃあ、俺のナワバリは知れたもんさ」という会話にも象徴的に示されている。そこでうごめく彼らは永久に、その穴蔵のような状況に居続けるかのようであるが。

登場人物はすべて役割特性が明瞭で、個々の関係が特徴的に区分でき多様である。匿名でない個体からなる関係に基づく人間模様が記録されている。しかも、最大の特徴として人物の価値が等しく、それぞれの関係は多様ではあるがその重みは同等であり、そこに集団のリアリティが見える。そのリアリティは一塊の集団として一望することからではなく、個性ある構成員がうごめく状態をとらえることで現れてくる。

普通、物語というのは主人公がいて、彼もしくは彼女が中心となって進行・展開されていく。しかし、現実の社会や人の世はそれとはまるで異なり、そのような歴史を引っぱっていくスーパースターや、すべての登場人物を見渡す神のような個人がいるわけではない。それはそもそも実際の社会や生活というものは、作者の意図や人格が登場人物に分解され、いわば、作者の一部が還元化された人物から形成されるのではないからだ。この映画はまさに作者（もしくは監督）から独立した人物群からなり、各人が自らの生き方の方策をたて（たと思い込み）、かつ彷徨しながらも生活していく。

この『どん底』で誰とも同等の位置関係を保っているのが、木賃宿への新参者・左卜全の役である。これは、シェークスピア劇に出てくるイアーゴウのように、少なくとも主人公（オセロ）より冷静な者が狂言廻しとなって、緩やかにストーリーを進行させていくのに相似している。しかし、決して相手にあっち、こっちと指示命令するのではなく、交通整理をするだけだ。この交通整理はどの相手に対しても公平でなければならない。これは実は、ドストエフスキー作『白痴』のムイシュキン公爵の位置でもある。また、これは神の位置に視点があるともいえる。左ト全扮するお遍路さんやイアーゴウ、そして公爵らは、どの他者とも等しい位置関係を保ちつつ、狂言廻し、交通整理、白痴、神の役割を表現しているのである。

ただし、動物の世界では、この役割を演じる個体はまず存在しない。いや、現在のところ、見つけられていないと言うべきか。集団のリーダーや集団を引っかき回す個体の存在はある特定の動物群では知られているが、多くの場合、現象面だけでしか報告されていない。それがどのような意味を集団生活の内で占めているかは、まだよくわかっていないのが現状である。でなければ、個体の利得のためにその行動をとるということでストーリーが完結している。

しかし、動物の個性や個体間関係を追跡していくと、関係のネットワークの中で個体がもつ役割という課題が大きくなる。それはたとえば、親や子、兄弟、叔父叔母といった血縁に基づく類型的な役割ではなく、その個体が置かれた状況に依存してできる個体間関係のネットワークにおける、個体独自の特性である。極論すれば、トゲウオ社会の中にも左ト全やイアーゴウ、ムイシュキン公爵が存在する。そこにある役割というのは、おとぼけ役や狂言廻し役、白痴役という個体そのものの特性に依拠する。その特性はやや哲学的な言い方をすれば、「実存」ということになろうか。誤解を恐れずに言えば、行動の類型に基づいて――ある時は任意に類型化された行動――その損得（適応的機能）を論じるのではなく、個体の類型（役割、個性、自己）が他個体との関係の中で自己形成されていく過程と、その差異のある関係を形作る要因を導き出すことを目的とするのである。

営巣場所における個体間関係

〝出会い〟は個体間関係の始まりであるが、それらは画一的な関係には発達しないし、かつ類型もしくは構造として有限なものであった。これまで社会構造の把握のために、〝出会い〟から生起する関係枠の境界を決定しつつ、多様な個体間関係の中で個体の役割をあきらかにすることを論じた。

私は数年の間、春を中心に二〜三カ月毎日数時間、岸辺に座ってハリヨを観察していたことがある（図38）。毎シーズンごとに百尾を超える観察個体は、体側の後半部にある雲状模様をスケッチすることによって、すべての個体を識別した（図39）。それによって誰が誰と喧嘩をし、誰がいつ雌と番うのかを記録し、その結果、どの個体がどのように繁殖をうまくやって、どの程度、子供を残すことができたか等を把握するのである。個体ごとの経歴や繁殖に関わる結果やメカニズムをあきらかにすることによって、個体の多様性の実態とその機能を解析した。この方法はアメリカの研究者から patient（辛抱強い）な方法と評されている。これは単に、「根気と体力があるね」、言われているに過ぎないのかもしれないが。

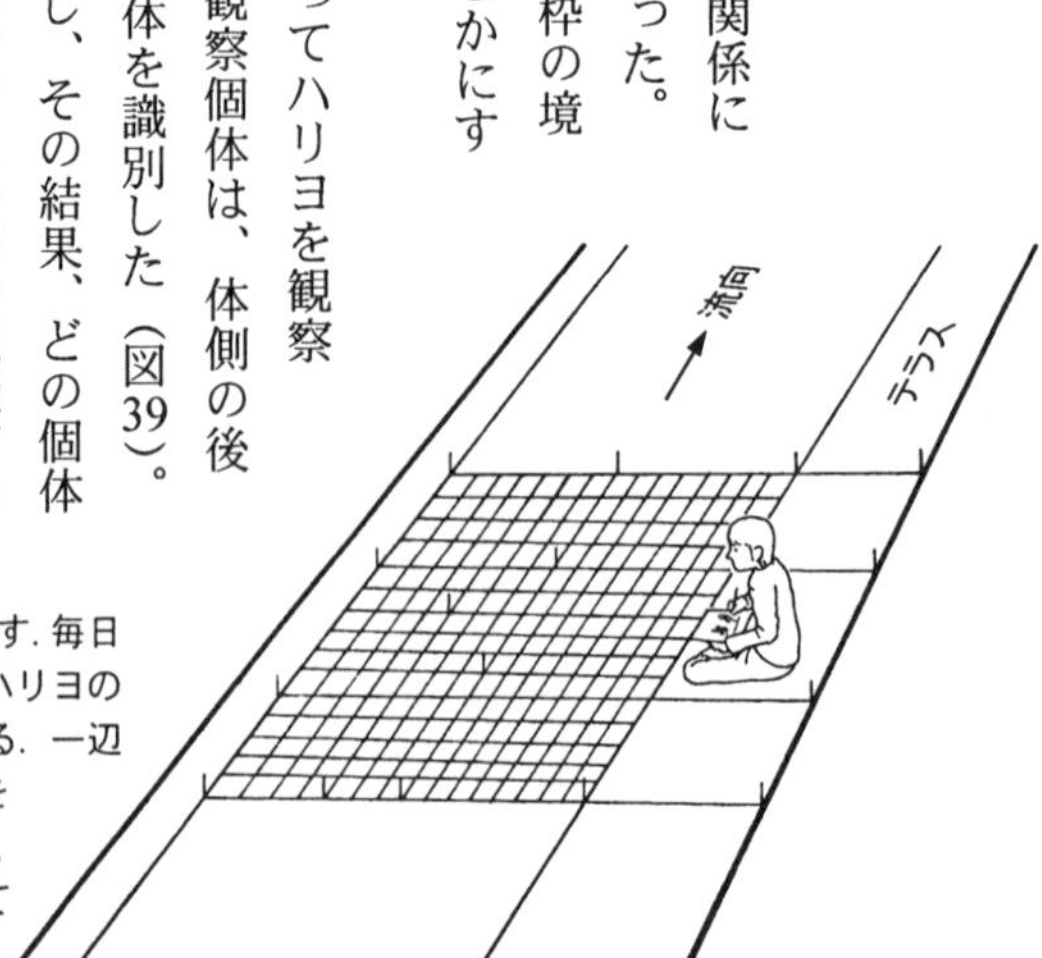

図38　野外観察のようす．毎日数時間、岸際に座ってハリヨの生活をずっと覗き見する．一辺30センチのメッシュを想定した交点の水底に，緑色の針金を目印として差し込んでいる．

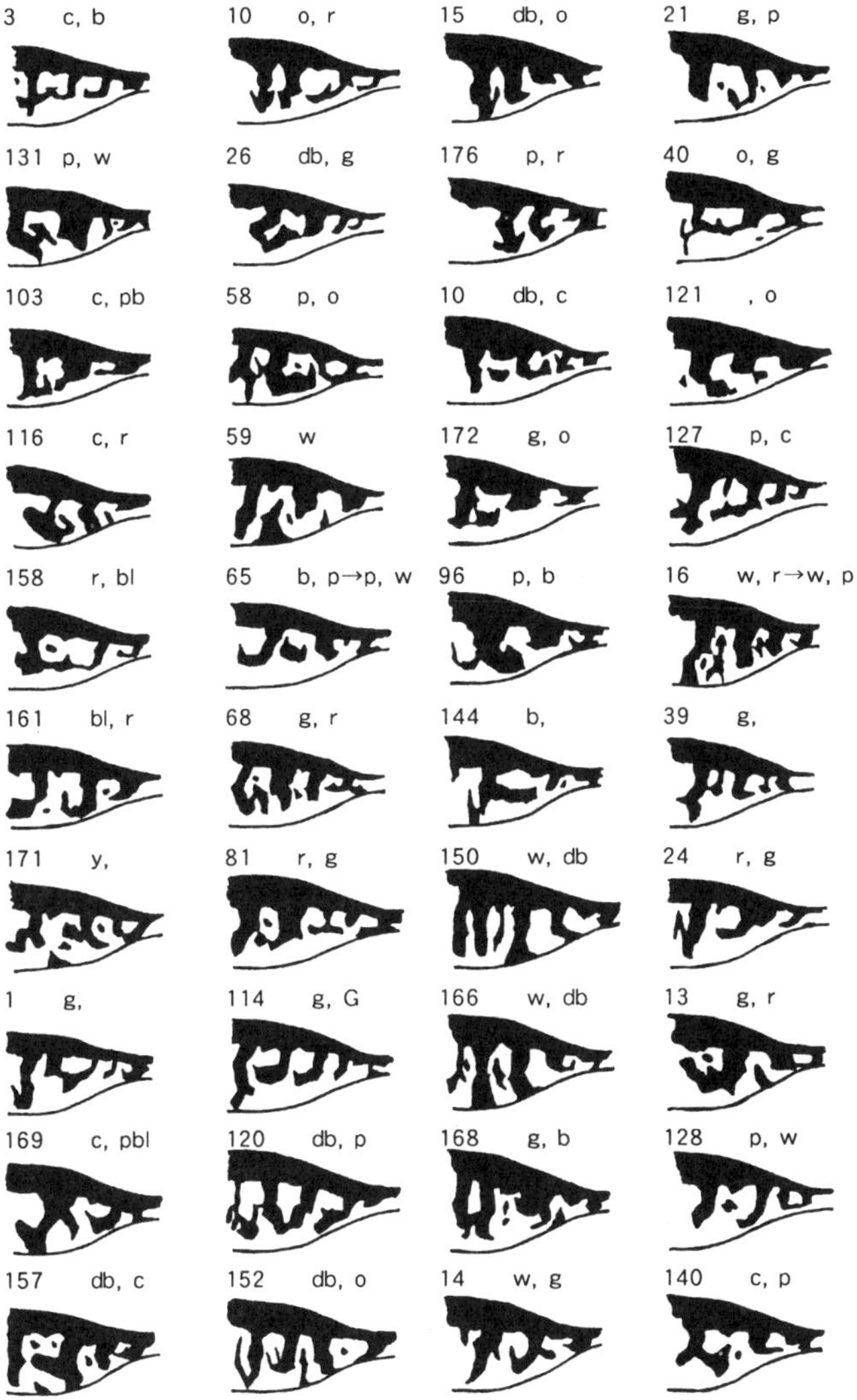

図39　体側部後半身にある黒色色素の雲状模様による個体識別
数字は個体番号を示す．アルファベットは背トゲにつけたシリコンチューブの色の組み合わせを示す（b：青　p：ピンク　w：白　db：濃青　g：緑　r：赤　y：黄　o：オレンジ　bl：黒　G：金　c：トゲ切断）

繁殖期にナワバリ形成したハリヨの営巣雄の百個体あまりにおいて、面接的（face to face）関係である個体間の営巣配置や攻撃頻度などに基づき、いくつかの関係枠からなるソシオグラムを作成した（図40）。営巣位置には岸沿いか中央か、巣間相互の距離、藻の被度の程度、あるいは営巣開始には繁殖期の初期、盛期、後期、晩期などの営巣活動に関わる変数がある。こうした変数に影響を受ける雄間の関係は、攻撃行動を伴うナワバリ形成・維持においておもに形成される。

営巣雄個体はここに生じる集合関係、すなわちフレーム（関係枠）ＡとＢそれぞれの中を中心に生活している（157ページ図35参照）。これが実際の社会現象の最小の分析単位となる。すなわち、個体間関係は際限なく広がるのではなく、有限個からなる粗密のあるネットワークを形成するのである。ここでは七個体＝一二関係のフレームＡと、九個体＝一六関係のフレームＢが関係をもち合う範囲となる。実を言えば、これは『愛と哀しみのボレロ』の構造に似ている。イギリス、フランス、ドイツ、アメリカそれぞれの登場人物が国ごとに複数のフレームをつくり、最終的にはある一点で出会うという映画構成はここでの話をイメージ化しやすい。個々の『どん底』構造が集まっていると言える。ただ、映画は時間の経過を追う性質をもっている以上、フレームは共時的に現れることはなくて、経時的に画面に入れ替わり登場してくる。一方、ハリヨの営巣雄の場合、複数のフレームは共時的に存在する傾向が強くあって、かつ経時的には個体が増加・減少する変動が認められる点が異なる。

このフレームという概念は、画家がたとえば風景を描くとき、どこまでをキャンバスに入れるかが当面の課題になることに類似する。視野として見える範囲をすべて描くのではなく、枠が自ずと設定される。つま

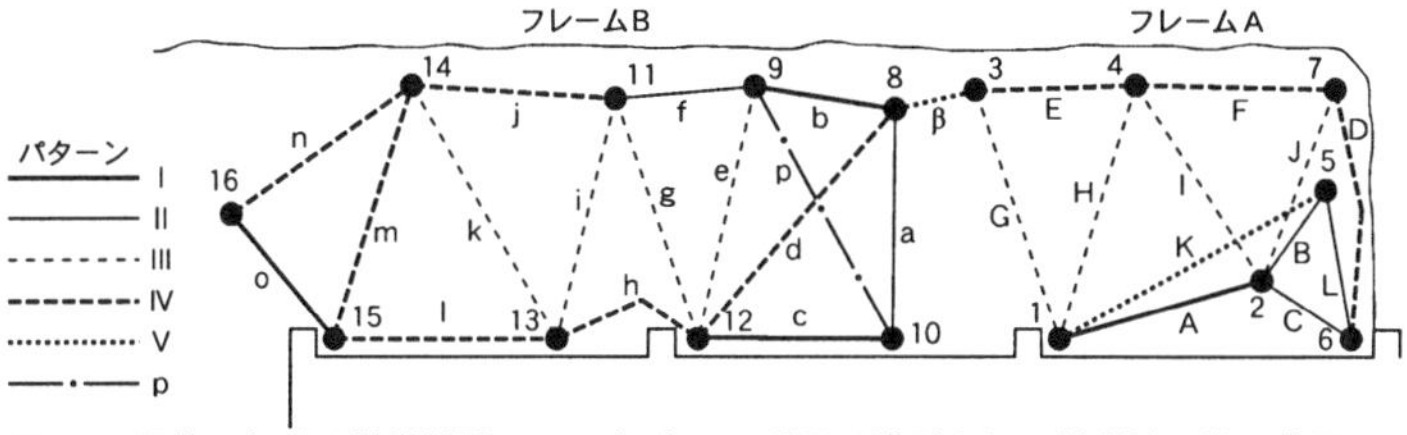

図40　野外における営巣雄間のソシオグラム. 番号は識別された営巣雄の巣の位置を，また，アルファベットは個別化された個体間関係（ダイアッド），I～Vおよびpは2尾の営巣雄が形成する関係の六つのパターンを示す（図41参照）

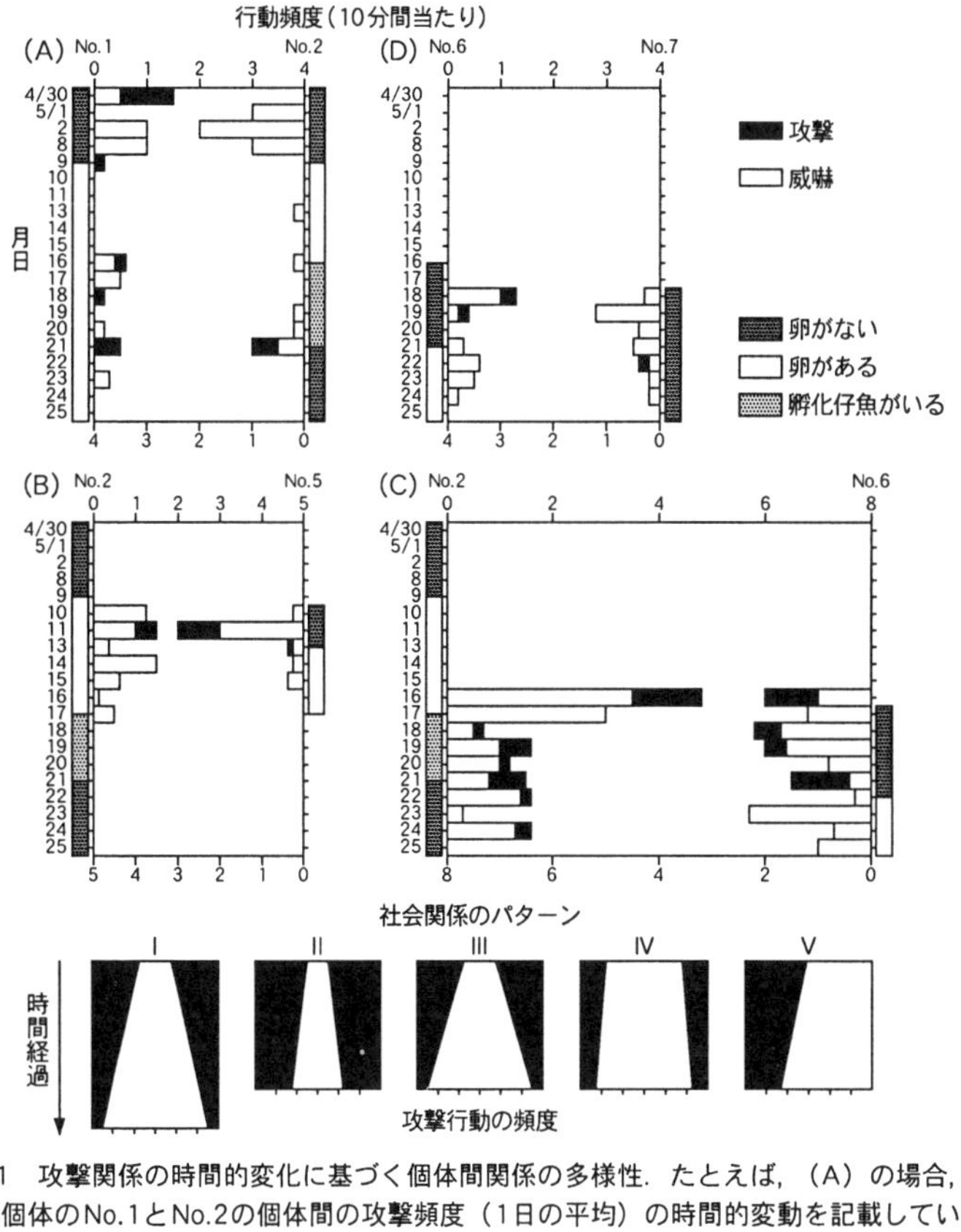

図41　攻撃関係の時間的変化に基づく個体間関係の多様性. たとえば，（A）の場合，営巣個体のNo.1とNo.2の個体間の攻撃頻度（1日の平均）の時間的変動を記載している. 下図は攻撃頻度の時間変動は，五つのパターンに大別されることを意味している

り、絵を描く範囲を決めるのである。その範囲に一定のまとまりを見い出して描こうとする。換言すれば、描かれる対象物間の「関係の総体」をあるレベルもしくは見方で切りとって描くわけだ。関係は無限には広がらない。画家は自分の感性でそれを決めるが、生態学者は所定の理屈に基づいて観察範囲を設定しなくてはならない。その理屈がいかにリーズナブルかが肝要である。

この攻撃行動を介してのナワバリ形成・維持において認められる営巣雄間の関係は、最初、互いに攻撃頻度が高いが、しだいに順化して減少していく(図41)。このパターンはだいたいの個体間関係の変容として当てはまるが、一方的にある個体に対しては攻撃だけをするが、攻撃は受けない場合もある。たとえばパターンPは、個体9からだけ個体10へ攻撃的行動をしかける関係である。要は、順化の仕方に変異があるということである。つまり、個々の個体はその周囲に定位する各々の個体ごとに異なった関係を結ぶのである。

こうしたさまざまな関係とそれを構成する個体行動の差異は、繁殖成功に変異を生起させる。たとえば、繁殖初期に岸沿いで営巣を開始し、営巣期間の同調度が高く長期間にわたって社会関係を維持した個体同士は、ナワバリ境界に中立ゾーンができて順化した結果、攻撃頻度が下がり、かつ彼らは高い繁殖成功を得たのである。逆に、岸から離れた中央部のオープンな場所で営巣する雄は、抱卵雌と出会える機会は多いものの、他個体の干渉が強く配偶成功にまでいたることが少ない。さらに、スニーキングや卵を食われたりする率も高い。そのため、繁殖成功への貢献度が低い結果となった。

以上述べてきたように、動物社会の研究は別々の関係枠を構成する個体の行動や関係を寄せ集めて分析するのではなく、まず、一定の境界がある時間・空間の枠内で、共時的に関係をもちあう個体間の行動(相互的作用）を対象とする。その後、社会関係の個体的広がりの関係枠を確定し、その中の社会的状況を把握していくのである。その結果として、その関係の類型が適応的な機能がどのように作用するかを記載することになるわけだ。

始まりとしての〝出会い〟

〝出会い〟は関係の始源である。〝出会い〟からすべての関係が始まる。私たちは日々その都度、一定の他者との相互交渉を通して生きている。個体は、限定されてはいるが、ある一定の時間幅の中で成り立つ他個体との関係に基づく総体的な存在であって、その対概念は群れとか集団ではない。個体に対する対概念は、実は、個体のある瞬間的な時点における一時的な行動や振る舞い、会話などの一つ一つの諸現象でなければならない。それゆえに、その個体がもつ特有の時間と空間において、集団内の個体間との〝出会い〟からなる諸現象を集積して生じるネットワークを見ない限り、個体を見たことにはならない。

関係がある過程を経て形成されるのである以上、我々は次のことに注意しておかなければならない。すなわち、関係は初めからその関係であったわけではない。関係は固定せず変容する。たとえ、ある二個体が親子という血縁関係であっても、初めから同じ内容をもった関係ではない。実のところ、個々の親子という関係は形成されるものであって、その姿はそれぞれに異なり、時間的に変化していく。その血縁関係は、いわば最初の〝出会い〟の状態だけを見ているに過ぎない。生まれた時点で、その関係は親との間でまずは成立する。しかし、それは一個体が知覚・経験する数多くの〝出会い〟の一変奏である。各個体は互いに他個体と変容する関係を結び、社会構造を構成していくのである。このエソロジーを踏まえた個体から集団を把握しようとする視点こそが、昨今、ほとんど顧みられなくなった動物社会学という分野に一風を吹かせるものと、私は考えている。

第七章

自然の中の私、私の中の自然

ハリヨが絶滅した三重県のかつての生息地

研究を野外でしていく中で、私はこれまでいろいろ嬉しいこと、恥かしいこと、怒ってしまったこと、悔しいことなどいろいろなできごとに出会ってきた。まだ、それらの中には、いい経験だったとか、今となっては笑い話だというようには客観化できないでいることもある。今、ふっと思い返しても、気持ちが微動するようなできごとがある。ただし、苦しいとか辛いとかは、これまでも現在もほとんど思っていない。いろんなことをやってくれるハリヨのいろんな個体や、あるいはいろんな意見をもっている人々とのいろんな〝出会い〟を楽しんでいるからかもしれない。

一、野外にて

周囲の目

研究を始めた最初の二、三年は、「あんた、何しとるんや」とよく声を掛けられた。そりゃ、そうだろう。人里の小川で何時間も座り込んでは、水面を見つめているのだから。別に釣りをしているわけでもないし、物を落としてしまったわけでもなさそうだ。ええ若いもんが朝っぱらから、何を川縁で何をやっとるのかと気にもなろう。深山渓谷ではなく、近くに集落もあるし、脇に沿って道もある（写真17）。人の往来は多くはないが、通らないわけではない。毎日、定刻にやって来て、定刻に帰っていくが、どうやら悪さをしていくわけではないようだ。ただ、川を見つめている。しかも、ほとんど同じ場所で何時間もだ。思い悩んでいる顔をしている風でもない。これでは声も掛けたくもなろう。

写真17　私が観察をしていた川べり

そう言えば、何度か自転車に乗った警官が、川沿いの道を行き交っていたことがあった。先には人家もないはずなのに。どこかへ行く近道という位置でもない。今にして思えば、どうやら私を監視していたのかもしれない。きっとそうだ。そうに違いない。気づくのが鈍かったかな？　ちょっと赤面してしまった。悪いことをしていたわけでもないので、別にどうでもいいことだが。

だが実際に、職務質問されたこともあった。ハリヨの生息状況を調べるために、畑の中を近道として通っていたときだった。「もし、もーし」と畑に沿った農道から声がする。最初、誰に言っているのかわからなかった。私に対する声だと気づいても、畑の持ち主からかと思っていた。警官とわかると、やはり緊張するもので、落ち着け、落ち着けと内心思いながら、正直なことを適当に述べておいた。すると思った以上に納得されて、最後には元気づけられてしまった。しかし、ひょっとすると、マークされ尾行されていたのかもしれない（それは後に、考え過ぎだと判明したが）。

それから一週間くらいは自意識過剰になって、周辺の家の窓や草むらの間から監視されているのではと神経が尖ったりした。でも、そうした意識はすぐにも皆無になった。水の中では、そんなことはどうでもよくなる世界が繰り広げられていたからである。

ここ数年間三月から六月にかけて、このように川岸で怪し気に〝座禅〟をしつつ一日を過ごしている。もちろん、お坊さんではないので、手にノートと鉛筆をもってである。

研究スタイル

鉛筆とノート以外の私の常備機材はと言えば、水温計、流速計、箱眼鏡、四つ並べたカウンターとストップウォッチである（写真18）。これがそこそこの科学をしていると自惚れている者の研究スタイルだ。要するに、この科学（？）にもっとも重要なのは体力と根気なのだ。

湧水で気持ちいいとは言っていられない。湧水水温は年中一五度で一定なので、夏は冷たく感じ、ちょっと手を浸すだけなら確かに気持ちいい。しかし、腰から下は一五度で、上は直射日光が当たるため軽く三〇度を超え、一つの体で極端に対照的な温度環境が生じる。これでは体調を崩さないほうがおかしい。岐阜県産のハリヨの中には、何個体も私の吐いた物を食したものがいることだろう。

冬の湧水地は外気温との温度差で白い湯気が立つ。水温は夏と変わらないのに、湧き水はとても温かく感じる。だが、私の体は、今度は夏と逆の状態におかれることになり、これまた少々辛い目をしなければなら

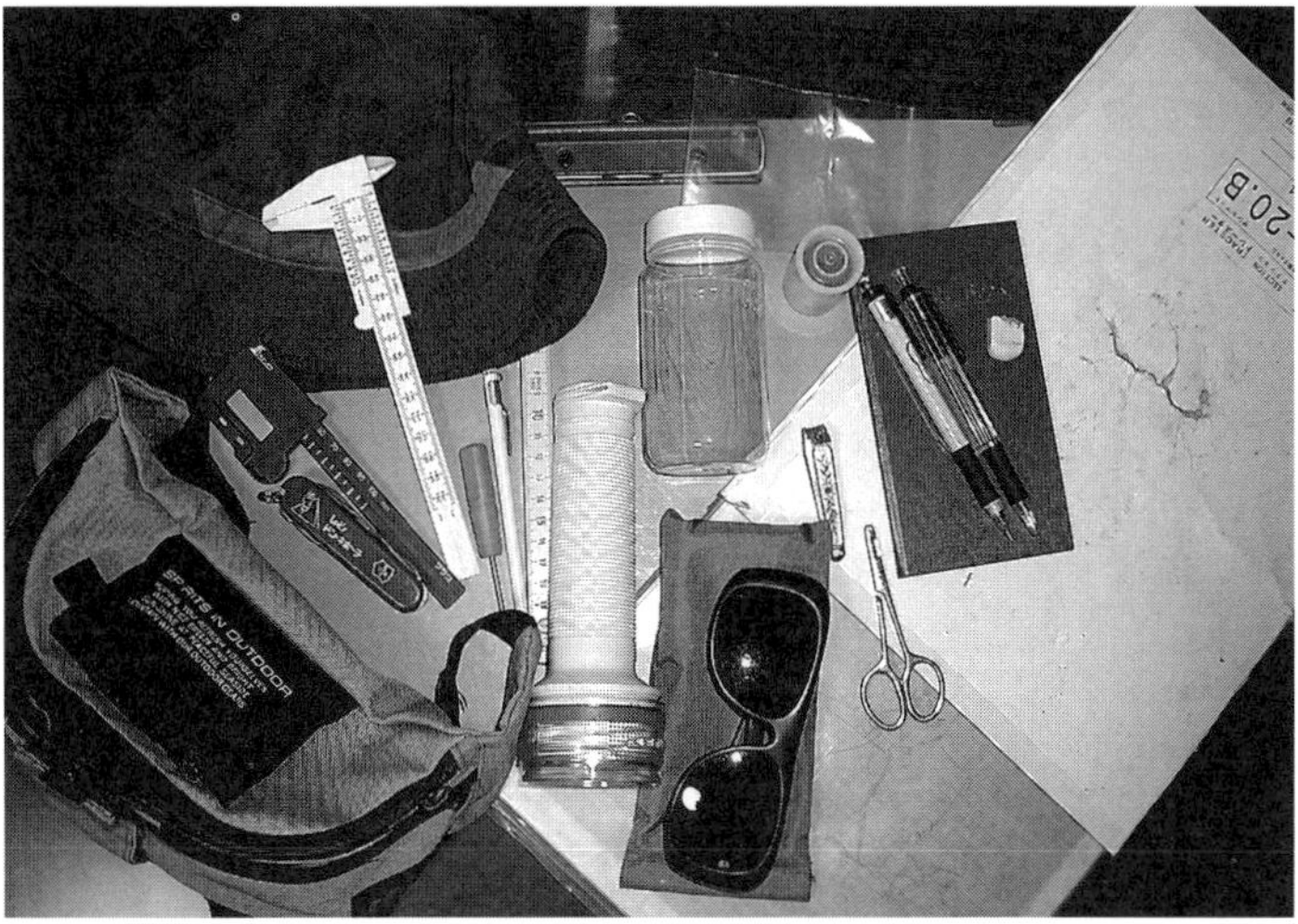

写真18　ウエストバックの中身と野帳．野外調査に帽子と偏光グラスは必需品である．ほかに，常備のリュックサックには，投網，魚籠，巻尺，カウンター，カメラ，解剖セット，採集用のポリ瓶，ビニール袋，エタノール，ホルマリンの入った小容器，タッパー容器，乾電池，雨合羽，ごろ寝用マット，熊避け鈴などが入っている

ない。そのうえ、伊吹下ろしという強風。ノートも鉛筆も川の中。バケツやコンテナ箱さえ、吹き飛ばされる。網は凍るし、たまらない。

ときどき、なんでこんなこと、やるんやろうとも思う。そういう時の自答は、人類がこれまで知り得なかった現象をかい間見る一人占めの恍惚感とその素晴らしさのためだ、と大げさに考えることにしている。

田中のおばさん

午後の観察を始めて三、四時間、ようやく、腰を伸ばし顔を上げた。私の疲れた目は、白い犬を連れた中年の婦人を見た。対岸の小道を通るいつもの人影の当人とわかるのに、さほど時間はかからなかった。気配が同じだったのである。それほどに記憶に残るほどになっていた。この田中のおばさんこそ、私（たち）が研究していく上で多大な援助と理解をしていただくことになる方であった。田中さんは犬の散歩で川沿いの小道をよく往来されて、前年からすでに私の網膜に残っていた。私がこの地にへばりつくようになった当初は、軽く挨拶をする程度であったが、重い腰を伸ばしたその時は一言二言、話を交わした。幸いなことに、私のことを怪しい者とは思っていなかったようだ。別れ際には、ご苦労様と声をかけていただいた。この〝出会い〟こそがこの地で継続的に研究できる契機となったと言ってよい。

夕方近く、川面から視線をはずすと、白い犬を連れている白い割烹着の田中のおばさんが見える。たいてい、犬に引っ張られてやや足早に散歩している。もう、そういう光景を見慣れたある時、私のみすぼらしさか惨状かを見るに見かねてか、近寄って声を掛けられた。自分の家の隣に離れの家があるから、それを使ってもらってもいいよと、言われたのだ。今から十数年も前のことである。

私は野外調査を始めたしばらくの間、荷物はコンテナに入れ、それに網を針金で巻いて空き地に放置していた。盗まれることはなかったが、近所の子供が網を勝手に使い放しにするので、田圃や川辺に捨ててあるように見つかることがしばしばあった。器材の入ったコンテナは大水が出た時に、二回ほど流れ出して失ってしまった。気づいたころには、伊勢湾に流れ着いていよう。泊まるときはテントか車の中。テント生活では日が昇ると中が異常に暑くなって、起きざるを得ないことが何度もあった。

そういうおりに、田中さんがそう言ってくださったのだ。渡りに舟、天から蜘蛛の糸、信じるものは救われる？　家は調査フィールドからわずか百メートルくらい離れている程度で、互いの地点から丸見えだ。いつも見ていた家並の一軒だった。しばらくして、玄関に荷物を置かせていただくことにした。それからしだいに図々しくなって、上がり込んでいった。電気、水道、ガス、トイレを常備した立派な二階屋である。甘え過ぎだろうか。

一九八八年からは毎年のように、春を中心に誰かが常駐している。ここで夜遅くまで、議論や勉強会、世間話、むだ話（これが最多かも）に幾多の時間を費やしてきた。たまには、酒場と化したりもしたが。そうやって、研究者や学生あるいは、撮影スタッフが何人も宿舎代わりに利用している。結果的に、下宿のようにして住みついている人もいるが。しかも、とてもありがたいことに、田中さんも、若い人がいないと寂しくなると言ってくださる。この家を起点にして、すでに多くの研究がなされ論文という形で発表され、かつ映像が製作されている。

今後も、そうさせていただきます。

大ハリヨを採る

滋賀県産ハリヨは平均的に体長が岐阜県産ハリヨより大きく、普通に六センチを超え、七センチ以上の個体もよくみられる。そうした両県産の差異がわかってきたころ、私は滋賀県のある河川で八・六センチもの雌個体を採集したことがある。この個体はこれまでの最大のハリヨである。体長八・六センチといえば、遡河型イトヨでも大きいほうである。私はこれを採るのに、胴長靴のままで泳ぐようにして一時間ほどかかった。

そのとき、私はいつものように定期調査のため、河川中流にある堰上でプール状になった水域にいた。体長測定をするため採集をしていたとき、ふっと私の横を泳ぐ魚がいた。この河川に普通に生息するニジマスでもない、アブラハヤでもない。泳ぎ方はトゲウオ独特の機械的なクイック泳法であった。すばやく泳ぎながら、急に止まってはホバーリングする泳法である。しばらく、それを追いかけてみた。やはり、ハリヨのようだ。しかし、奴はとてつもなく大きく見えた。なら、なおさら採ってしまわねば。

私は手網と箱メガネをもち、その大ハリヨを追いかけ回した。水深は胸付近まであるところもあったが、構わずに追った。追いかけるやいなや、一瞬、冷やっとした。胴長靴を履いていたが、胸の部分から水が入ったからだ。膝上まで水がすぐに溜った。でも、ダボダボと水の音をさせながら、奴を追い続けた。前屈みのせいで、腰も痛くなってきた。これは持久戦だ。どっちかが疲れるかの勝負だと思った。自分のかき上げる底泥で見えなくなった水が澄むのを何分も待ったり、波立った水面に箱メガネを置いて水中を覗き込んだりした。いったんは見失うこともあったが、私は粘り強くパトロールしながら見つけ出しては、ふたたび追跡の勝負を挑んだ。こうしたことを何回も繰り返し、二時間は過ぎていただろう。

この調査地は右岸が道路に沿っているので、道行く人にはこの私の姿は奇異に映ったことだろう。実際に、見学者（？）が何人かできたようだったし、何か声（応援か罵声か？）を掛けられたこともあった。そんなことお構いなしといったふうで、私は追いかけた。でも、ちょっと恥ずかしかったけども。

ついに私は奴を、少し窪んだところに追い込んだ。追いつめられた彼は、藻に寄り添うように底に沈んでいる。手網を奴の十センチほど前にそっと置いた。勝負。左足を後方から、鋭く突くように蹴り込んだ。素早く網を上げた。勝った。粘り勝ちだ。やはり、大ハリヨだった。網の中で、やや背中が盛り上がった身を大人しく横たえていた。八センチくらいはあるなと思った。急いでタッパーケースに奴とカナダモを入れた。

我に返ると、服は当然、髪まで濡れていた。山間のためさっきから日は射さず、ずっと陰っていた。寒さを改めて感じた私は、日光を探して上流の蛇行部まで行った。道からは見えない場所で、体を拭き服を脱いで絞った。ズボンから水がザアーと出た。鼻水を何度も葉っぱでかんで、顔を川で洗った。少し落ち着いて、では奴を測定してやるか、という誇った気持ちで、タッパーケースから取り出した。なんと八・五センチを超えるではないか。計算上は、三歳魚となる。

まあ、とんでもない奴がいたものだ、と感慨に耽っていると、何やら道路のほうで二、三人の声がする。川原へ降りてくるようだ。私は下着のままでいたことに気づいた。聞き耳を立てながら、荷物をかき集めて人気がなかったようにして、より上流の対岸の山林に向かった。何だか縄文人のような気分であった。この大物採りは、寒さ、腰痛、恥ずかしさが入り交じった思い出となった。

春採湖のイトヨ

春採湖は釧路市の南部にある海跡湖である（写真19）。二〇〇〇年ほど前にできたらしい。湾に砂嘴が発達しラグーン化した結果、湖となったということである。釧路湿原の周辺にある湖でありながら、驚いたことに、市の汚水が大量に流入して日本で二番目に汚染が進んだ湖と少し前に判定されたことがある。最初、ここにイトヨがいるという情報はなく、むしろ釧路周辺の河川下流部に入りながら道東地方を放浪するようなつもりで行った。そのころ、私はトゲウオの生息地を採集しながら巡る全国行脚をしていたのである。いくつかは天然記念物や保護対象であったり、また個体数が激減している生息地もあったため、当地の情報を十

写真19　釧路市立博物館より臨む春採湖．建物群の向こうは太平洋

全に網羅して聞き取りや助言指示を受けて行脚を続けていた。

それは、調査としては初めての道東入りだった。情報収集の一つとして釧路市立博物館に寄った。すると幸運にも、博物館の針生勤さんから「この下の湖にもいるよ」という聞込みを得た。高台にある博物館のすぐ下の湖に、春採湖はあった。明るい研究室から、私は眼下に位置する湖を眺めながら、ふっと視線をやや上にした。すると集落を挟んで向こうに、光る太平洋が広がっているのに気づいた。なるほど、これはいるなと直感した。暗くなり始めた湖を、早速、一人で一周した。

真っ暗になってから、お世話になる市内桂恋にある北海道区水産研究所にバスで向かった。市内とはいえ途中から人家がまったくなくなり、バスの客は私だけとなった。闇夜の大気の中を、バスが浮かんで進んでいるような錯覚に陥った。遠くに研究所の明りが見えたときは、人の世に戻ってきた感じがして、とてもホッとしたこと

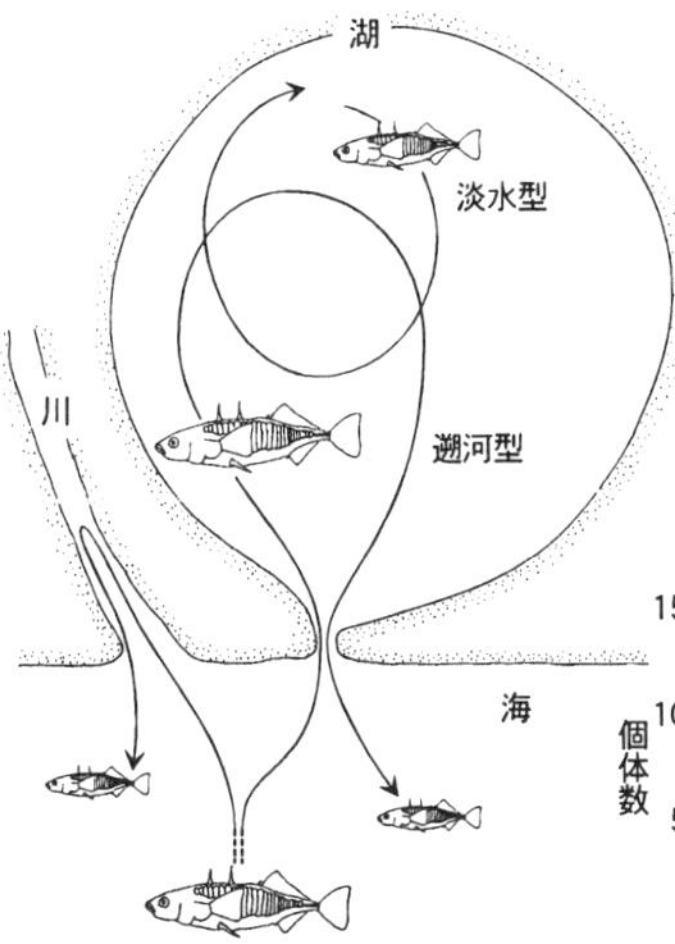

図42a　道東地方におけるイトヨの淡水性個体群（小型）と遡河性個体群（大型）

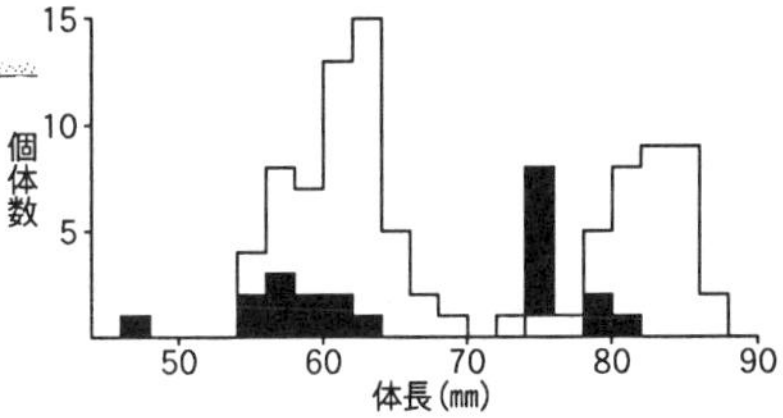

図42b　春採湖におけるイトヨの体長分布．雄・雌とも体長70mmを境に2峰性が認められる（■ 雄，□ 雌）

を今も覚えている。疲れて宿舎に着くと、やっと人心地がついた。宿舎には私一人であった。適当に好きにして構わないと、その後も大変お世話いただいた増殖部長（当時）の加藤禎二さんに言われて、すぐにひっくり返って仮眠をとった。何時間かしてから、夜中にむっくりと起きて湯を沸かしコーヒーをすすった。その夜は何をするでもなく、食堂の棚に並べてあった漫画の『水滸伝』を五巻ほど読んで就寝した。

翌朝起きてすぐに、自室の窓から外を見て仰天した。白いのである。雪ではない。まったく前方が見えないのである。これが根釧原野名物の〝濃霧〟だ、と感得するのに数秒かかった。手を伸ばすと指先が見えないくらいだ。この白濁した霧はひどく湿気っていた。珍しがって散歩に出ると、服に水滴がしっかり付いてしまう。九時を過ぎると、ようやく晴れ間が見えてきた。六月だったが、ストーブを焚いた。ここは一体どこだ、と自問してしまった。

博物館で針生さんに腕章を借りて調査を始めた。春採湖はヒブナの生息地としても天然記念物に指定されているため、みだりに入ることは禁止されているからである。針生さんには今もいろいろと便宜を図っていただいている。彼なくしては、道東地方での研究は進展しにくかっただろう。

この調査で、この湖にイトヨ属の二型がいることを見つけた（図42 a）。これらは体長から遡河型と考えられる大型タイプと、他地域の淡水型と同じ体長である小型タイプの二型であると考えられた（図42 b）。私はこれを明瞭に体サイズの異なる遡河型と淡水型のイトヨが、同所的に生息し繁殖する初めての例として報告した。この形態を中心とした報告は、のべ二週間ほどの現地調査で論文にした。生態学をしていると自認している私ではあったが、これはしばらくの間、もっとも別刷り請求の多い論文の一つとなった。

その後、新潟県水産課の樋口正仁さん（当時、北海道大学水産学部）によって、春採湖のイトヨには三型がいることがわかった。小型タイプにさらに二つの遺伝集団があったのである。小型タイプの祖先には、太平洋起源のものと日本海起源のものとが共存していたのである。現在、この湖を含む道東地方の淡水域は、淡水陸封化現象にともなうイトヨ類の種分化というテーマの格好の調査地として注目されている。

死にそうになった⁉　釧路湿原

ある年の八月、生態学会が釧路市で開催されたとき、私は春採湖の湖岸で二、三日キャンプをした。「熱心やな、頑張れや」と励ましとも皮肉ともとれる学会出席の友人たちの言葉をいくつか受けながら、何回目かの調査のために湖を徒歩で二周半した。その後、塘路湖（写真20）やシラルトロ湖などでトゲウオ採集をす

写真20　釧路湿原の北東に位置する塘路湖

るため、ＪＲ釧網線を何回か途中下車した。適当に、ある無人駅で降りた。そこは二万五千分の一の地図上で、湿地マークの多い目的地に近いからだった。乗客は観光客のため思っていたより多かったが、私以外にその駅で降りる人はいなかった。

そこで、私は死にそうになった。

その釧路川支流で私はいつも通りに胴長靴に履き替え、投網の入った重いリュックを背にして、タモ網を片手にウロウロしていた。膝ほどまで泥底に入り込みながら、魚を採集し回った。最初、植物の根っこや出張った茎、枝を掴みながら岸に沿って移動し、イトヨとトミヨを採集しては腰にぶら下げた魚籠に入れていた。そのあと、流心寄りの水草が繁ったところを狙うために、しだいに岸から離れた。しかし、そうすればするほど足は底中に入っていった。数メートル離れたところで、足がまったく抜けなくなってしまったのだ。二〇メートルほどある川幅の三分の一くらいの位置だ。ぬかるみは私をしっかりと捕らえた。動こうとすると、底無し沼のようにズブズブと私の体は沈んでいった。

死ぬ、と思った。胴長靴に水が入れば、抜け出すことは不可能になる。実際に、向きによって水が中に入り、ズボンを濡らし始めていた。冷静さを装うためにも、動かずにいた。トンボがのんきに飛んでいる。周囲を見渡すと、北国ならではの明るい緑の木々が何ごともないように風にそよいでいる。再び目線を水面にやった。濁った水が澄むまでは、じっとしていようと思った。そう言えば、ここにくる途中に何か工事の作業をしていた人たちがいた。まもなくそのことを思い出した。

「助けてくれー」と私は一度叫んだ。だが、反応がなかった。初めは何だか照れもあって、大きな声にならなかった。しかし、体はしだいに沈んでいく。「泥炭の一部に化してしまうのか。冗談じゃあないぞ、これは」。続けざまに叫んだ。何度目かの絶叫をした後、ようやく遠くから人の動く気配がしてきた。助かったかな、と思った。三人が駆けつけ、ロープを投げてくれて私は引き上げられた。「お前、何か変だったぞ」と言われた。工事現場を過ぎるとき、彼らも私を見ていたらしい。自殺志願者とでも思われていたのだろうか。こんな中でも魚籠を後生大事に手離さなかった私の態度を見てか、人騒がせな奴だと叱られてしまった。命の恩人である彼らは私の謝辞をほとんど無視して、お前なんかに関わっておられるかというように、さっさと自分たちの作業に戻っていった。

私はと言えば、彼らの後ろ姿に手を合わせることも、お辞儀をすることもなく、早速に魚籠の中の魚を確認していた。

二、保護の話

ハリヨが今、激減していることはすでに述べた。その現状は一九八〇年代初期までは、何の効果的措置のないまま放置されていた。たとえ、天然記念物の指定を受けていた場所においてもだ。この実状を少しでも打破するために、私はいろいろ試行錯誤を繰り返しながら、二十年あまり、とにかく継続的にだけ何らかの活動を実践してきた。それは講演会や学校の授業、あるいはマスコミを通じての啓発活動であったり、ハリヨ自身の実態把握のための調査であったりした。さらには、地域住民を主体とした緩やかな組織化であり、足繁く通った行政への陳情であった。そうした地道でも継続的な活動によって、私はいくつかの保護の論理を展開し持論を構築することができたと思う。その一端を述べてみよう。

減少の一途

今、ハリヨは喘いでいる。特に一九六〇年代以降、湧水の枯渇化とこれに伴う水質悪化および水域の埋立ての進行（写真21）とともに、ハリヨの生息地は減少の一途を辿っている（図43）。三重県における生息地は、湧水の涸渇によって一九六〇年前後に絶滅した。一九三三年の池田嘉平さんの報告にも、すでに同県では危機的状況とある。一九九五年の現在、ハリヨが確認されている行政区は、岐阜県の大垣市、池田町、南濃町をはじめ一市七町一村、滋賀県では米原町、彦根市、五個荘町などの一市五町である。いずれの生息地も絶滅に瀕している小水域である（写真22）。流程が数メートルしかない生息地もある。この図に示されてい

写真21　埋め立て進行している岐阜県のとある河川. 日本有数の湧水河川であるのに, 河川の個性が加速的に失われていく

写真22　滋賀県五個荘町「ハリヨの里あれじ」. 地元の方々が熱心に維持管理をされているが, 生息地面積は狭い

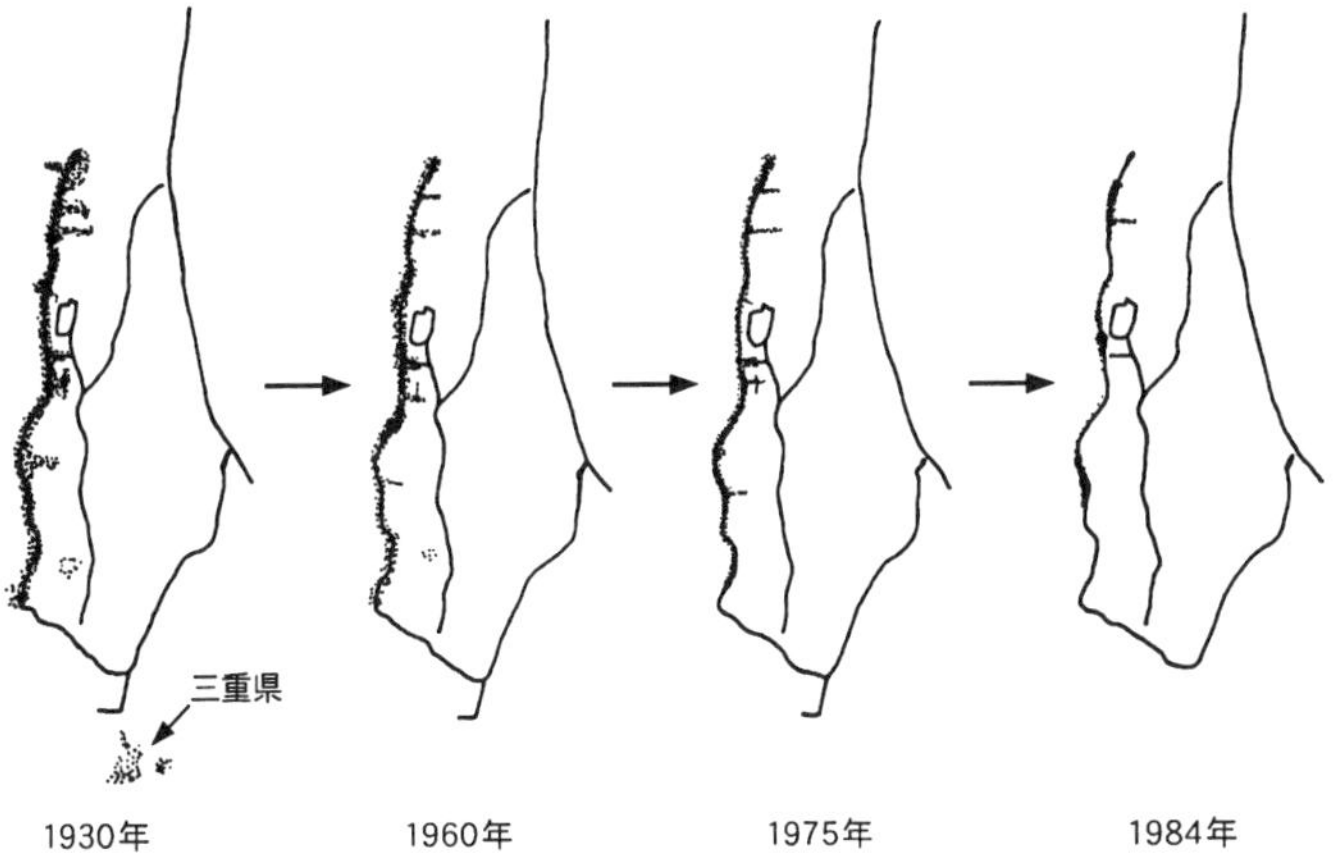

図43　岐阜県におけるハリヨ生息地の最南限の河川の減少過程（森，1989に加筆）．近年，この水系における生息状況は壊滅的である．現在は1カ所のみで数十個体が確認できるに過ぎない

る点が生息地のほぼすべてである。これらの生息地のいくつかは人為的な放流に基づいている。近年、ハリヨの生態を配慮した人工の池も作られている。

ハリヨは一九三〇年代には、近江盆地東部と岐阜県南西部に広く面的に分布していた。滋賀県南部の草津市近辺や岐阜市にも生息地があった。その後、一九六〇年から一九七〇年代に著しく減少し、一九八〇年代もその状況は続いた。数千尾の大量死を経て絶滅していった生息地も、私は確認している。また、現在は一個体でも確認されれば、生息地とされている。すなわち、この図で示される以上に、個体数から言えば、はるかに減少しているのである。こうして現在の生息地は面的分布から、局所的な点的分布になっているのだ。

むろん、それまで（一九八〇年）、この実状は放置されてきたわけでない。県や市の行政レベルで、天然記念物に指定するなどの法制化をすることで保護のための規制を行った。しかしながら、これまでの行政のスタンスの多くは、指定すること自体を目的とした傾向があった。それは保護の第一歩であり、手段の一つにすぎないはずである。紙切れ上の指定で保護されるわけがない。実際に、いくつかの場合においては、安易に指定記念物にするとそれで守られているという錯覚に陥り、誰かが保護していると皆で思い込んでしまうのだ。また、マニアや業者間での付加価値が高くなったりして、激減や絶滅を助長させているのが現状であった。指定を示す文書が保護するわけではない。これは当時の一般的な関心が環境や自然に対して乏しかったためでもある。この認識は保護のやり方そのものがわからない事態を続けることになった。

まず、相手のことを知ろう。たとえば、ハリヨは繁殖営巣するため、単に分布地の確認や生息状況の現状把握だけでなく、その営巣地として適した環境条件を把握する作業が、実質的な保護をしていく上で大きな意味をもつだろう。守るべき対象がいかなる生活を送っているのか、かつ現在それがどのような状態であるのかの生態的知見は、保護する必須条件なのである。

遠い昔でなく、少し前に

五年前、十年前、あるいは可能な人は、せいぜい五〇年前を思い出していただきたい。身のまわりの里山や田畑、小川の変容ぶりを記憶からたぐり寄せていただきたい。それはなにも知床半島や尾瀬沼でなければならない必要はなく、むしろ身近な環境でこそなければならない。問題は観光地や景勝地にあるのではなく、私たちの生活する場にあり、そうであることが肝心なのである。だからといって、直ちに何らかの活動や運動を組織するべきだと言っているわけでもない。ただ今は、過去と現在とを頭の中で思い描き、比較していただくというだけでいい。

　たとえば、西美濃にはかつて、木曽川、長良川、揖斐川の木曽三川によって洪水が頻繁に起こり肥沃土が堆積し、また広い範囲にわたって後背湿地や河跡湖が散在していた。その全国でも有数の淡水域は、同時に多様な淡水生物の生態系を形作っていた。かつ、この地域には以前、それも三〇年ほど前までは豊富な一大湧水群があった（図44）。その地域の川の水源のほとんどを賄うほどであった。すなわち、西美濃における水都思想は単に河川があるからだけではなく、豊富な湧水の存在において成立するのである。しかしながら、

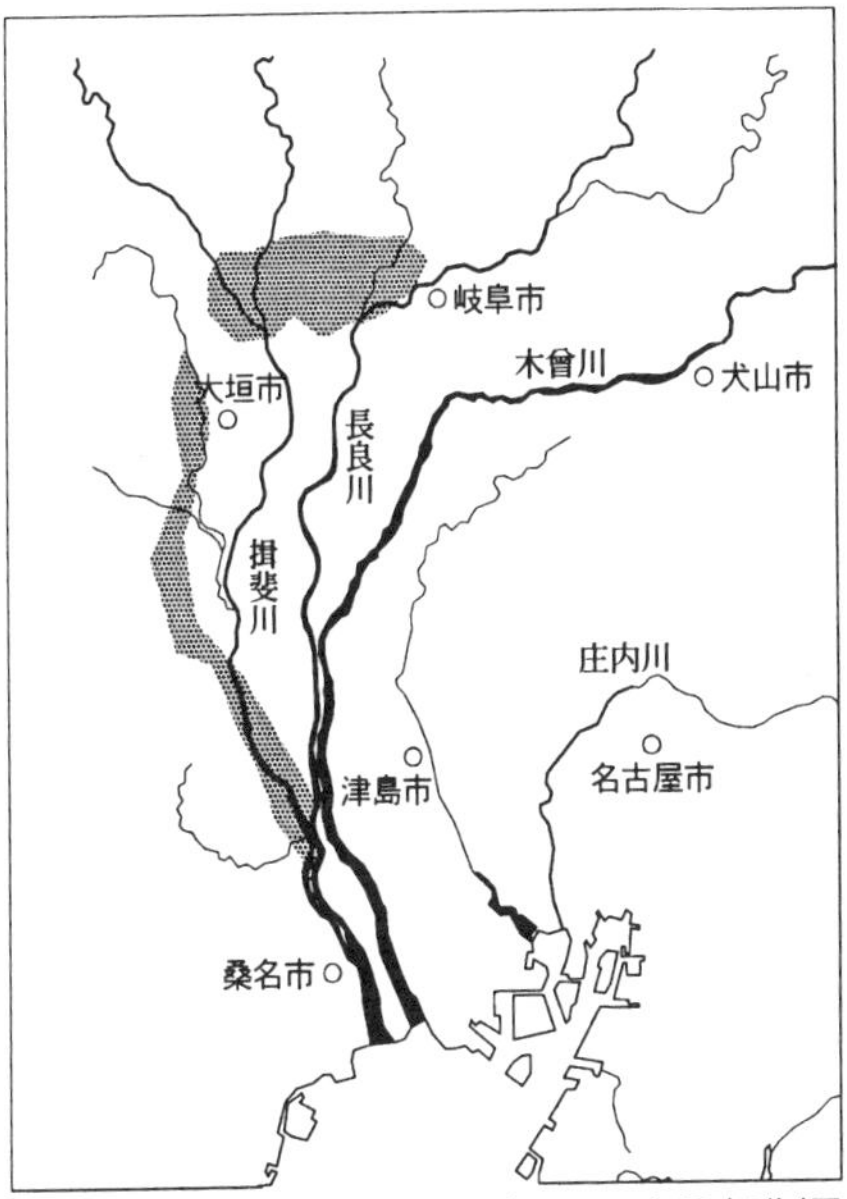

図44　西美濃地域にかつて分布していた湧水群（灰色の部分）

近年まで湧水池や細流からなる湧水域は、産業的な利用価値がないと判断され、埋め立ておよび渇水のため陸化されている。また、そこでは陸地部分をできるだけ広げようとするため、垂直コンクリート面を基調にした護岸作りによって水域が狭くされる。つまり、水都の水都たる由縁自体が失われつつあり、もはや手遅れの一歩手前にあるのである。この状況からの脱却のために、とりあえずさまざまなアプローチの存在を確認し、それらを以後活用しやすいように整理しておきたい。

おそらく、ここで問題とするべき観点は「自然vs人間」という構図ではなく、とりあえず「少し前の人間生活vs現代の人間生活」という社会構造の対比であろう。ここで「少し前」とは、高度経済成長期前のことである。この観点を背景としつつ、自然環境を現在の生活域にいかに取り込めるかを問題にする中で、その配慮事業が継続的で効果的であるために、〝流域という共同体〟を再考することは価値があろう。すなわち、有機的な地域共同体という集合体において、環境に関わる個人にとってリアルな問題をいかに位置づけるかが当面、追求すべき目的であると思われるからである。

ハリヨは三〇年か四〇年前には、岐阜市内にも三重県にも天然の状態で生息していた（本章扉参照）。だが、今はいない。そして、ハリヨの分布域である琵琶湖東岸から木曽三川にかけての平地部は、かつて広大な湧水帯であったことを意味する。だが、今はない。かつて何百何千もの自噴水があった西美濃地方の水都―大垣市では、現在の湧水池はもう十指に満たないほどになってしまった。

ハリヨを取り巻く環境は著しく変容し続けているが、彼らは人類がこの地に現れる遥か以前より生息し、連綿と同じ方法で世代を繰り返してきた。おそらく、本書で述べてきた生活とほとんど変わっていないだろう。これとは逆に、人類は進歩の証として身勝手にも自然界を大いに改変し、その多くは今や自らの生命や生活に被害を与えている現状となっている。その結果、我々は今までにない自然との付き合いを強いられている。このように考えてみると、以下のことを一考するのも意味のあることではないだろうか。すなわち、我々人類は自らが考えているほど、真に進歩しているものだろうか、と。

いい川

〝いい川〟だと感じる基準の一つに、私は「コンクリート護岸のないこと」を入れている。そのコンクリートによって陸域と水域の境界が固定され、川は自由に自らで変容しつつ多様な環境を形成していくこと（図45）を妨げる。河川は流水と流砂によって、蛇行し瀬淵を作り、緩やかな流れや速い流れ、礫底や砂底といった多様な環境をもたらす。増水により河岸を浸食し、土砂を流し下流に堆積させる。その結果、河川は物理環境として多様になる。

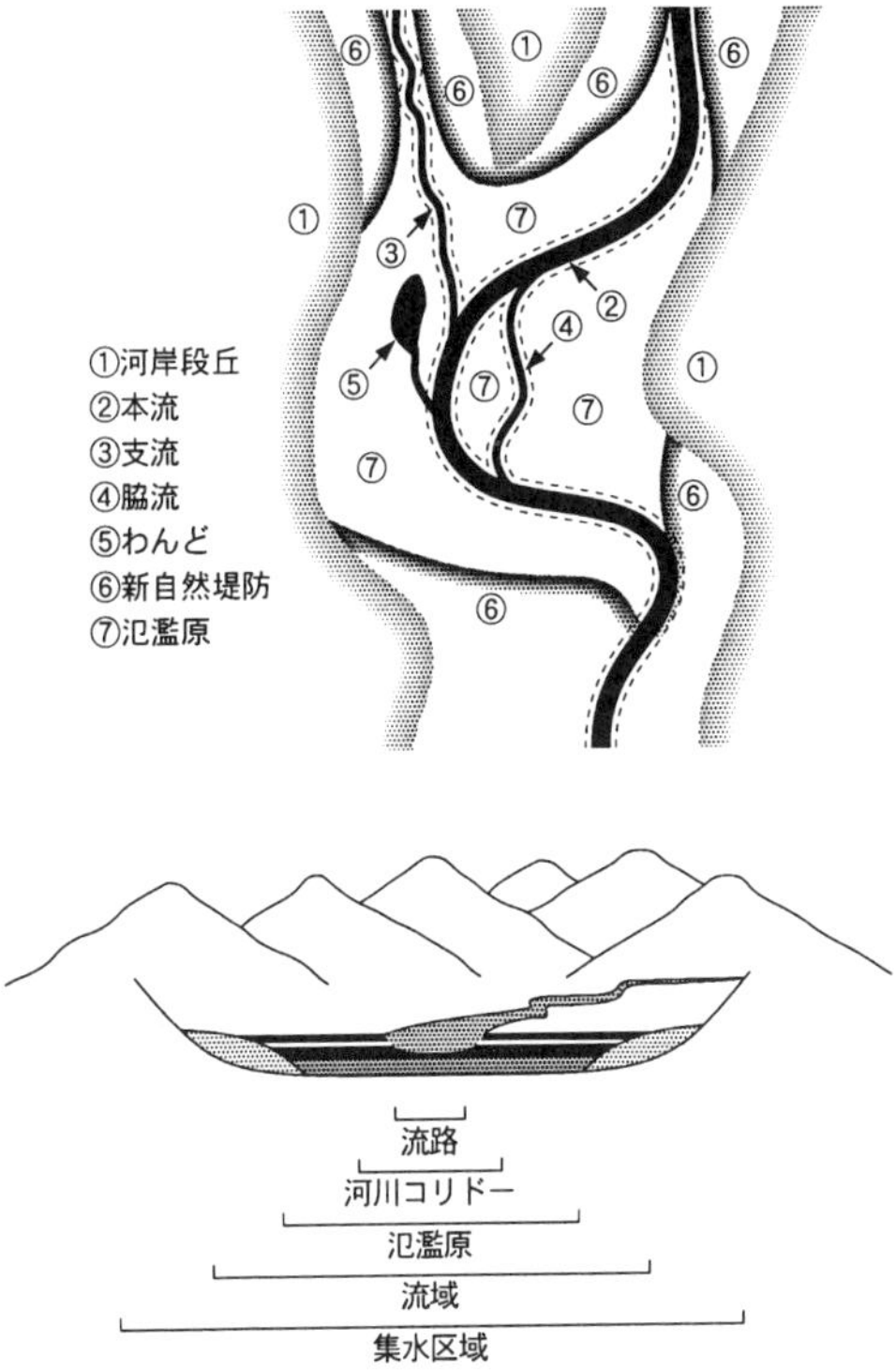

図45　河川環境の多様性

残念なことに、わが国にはコンクリート護岸のない川は皆無であろう。しかも、下流から上流まで間断なくコンクリート岸になっている川さえある。ひどいのになると、岸沿いにフェンスが張り巡らされている（写真23）。コンクリートの護岸はほぼ垂直で、川に落ちては危険だから

写真23　岸沿いに張り巡らされるフェンス．人と川の断絶を促進させる．以前は土手の岸で草花が茂り，容易に川縁まで行くことができた

写真24 コンクリート水路と盛り土されたアスファルト道路(画面左側)で埋められてしまった湧水群．道路の下に湧水の湧き口が連続してあった

というわけだ。そのうえ、岸には「立ち入り禁止」の看板が立つ。

何か矛盾していないか。川と人との関係は絶たれていくばかりだ。コンクリート岸は両者の関係を鮮明に分断してしまう。もっともっと曖昧で変化に富んだ川岸線でなければならない。

水なくして人の、いや生きとし生けるものの生活は成り立たない。たとえば、人は多くの集落を川べりにつくってきた。飲料水などの生活水、農業や工業の用水として河川水は利用されてきた。いや、利用というものではなく、生命・生活と水は一体の関係なのである。四大文明で端的に認められるように、文明そのものも川という自然の恵みを充分に受けながら発達してきた。川は文明の源と言える。

しかし今、人はこれまでの水資源としての川を、その目的だけに単一化し、用水路や排水路に変質させている。だから、堤防の強化が不要な箇所にも護岸工事は行われるように見える。土手をなくして垂直なコンクリートの岸にする理由は、単に道路拡幅のための場合も多い。岸沿いにあった松や桜の並木はことごとく切り倒す。木の根は自然の護岸であったはずなのだが。もし、木々が本当に治水としての防堤に不向きというなら、岸面から離してでも並木を植えたほうがいい。もちろん、洪水によって人間の生命・財産を脅かされては困るし、そうあってはならない。ここで言いたいことは、たとえば治水のあり方を、その場その場の問題となった部分への対処療法ではなく、流域一帯を対象とするシナリオを考案し作成することであり、そのための情報交流の場を設置することである。

ハリヨの生息する河川も多くの部分が、何の配慮もないまま護岸改修（改醜？）され続けている。湧水の出る側の岸までも、全面にコンクリートで固めてしまうのは無謀としかいいようがない（写真24）。それはハリヨという小魚にとってだけの問題ではない。湧水が集まって川を形成しているのに、その出口を塞いでしまうことは、川以外の別の所で湧出することにもなりかねないからだ。それはまた、地盤の軟弱化を導く。実際に、岐阜県では屋敷の庭の一部が落ち込んだり、庭に水が浸ることがある。湧水の多い地域での護岸には、きわめて慎重な配慮が必要だ。もともと、こうした地域は湿地帯だったのである。

人は川をコンクリートで被うことはできても、水の循環という自然の摂理を覆すことはできはしない。いま一度、土手を駆け降りて、川の中へ素足を入れてみようではないか。

川の変容

私は幼いころから、川に慣れ親しんできた。それは家のすぐ裏に川があったことにもよるし、川遊び友達がいたからでもあった。魚やザリガニ、昆虫の採集のため、夏にはよく川に入っては遊んだ。小石を水面に投げて何回飛び跳ねていくかを競い合ったり、川原を掘って流路や多くの石を使って堰を作ったりしたものだ。これらのことは私に限らず、多くの方々が経験したことであろう。

しかし、このような思い出をもてる人は、毎年減少しているように思える。それと連動するかのように、そうした経験ができる河川環境がなくなってきている。そうして育ったはずの私たちは今、多くの川に大きな負荷を与えているのである。楽しい思い出は悪いことだったのか。いや、決してそうではなかったはずだ。

水質の問題もさることながら、今や川そのものが変容させられている（図46）。多くの場合、それは物理的な河道の直線化、河水の湛水化、河床の平坦化など河川環境にとって悪化をもたらす変容である。何千年、

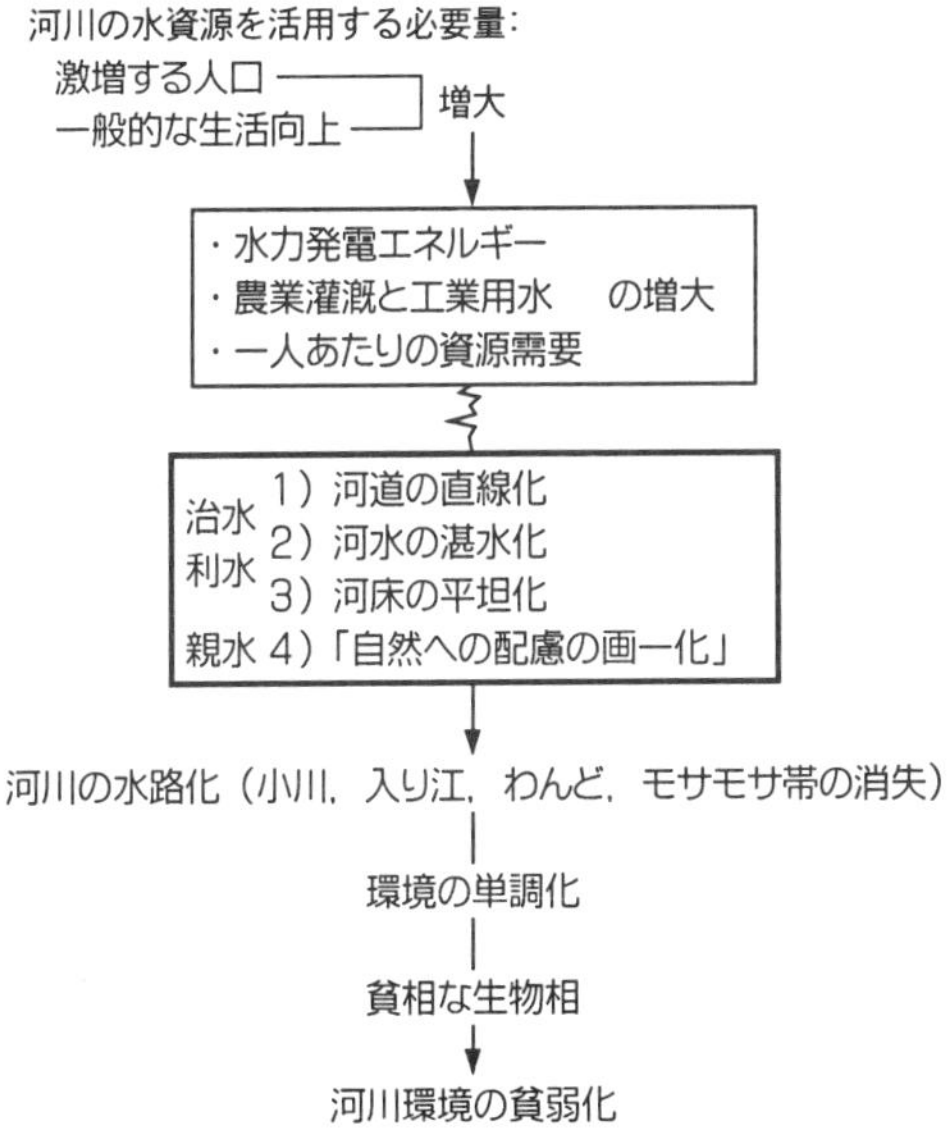

図46　河川環境の変容に関する概要

何万年もかかって自然が織り成した川という地形が、人の都合によってあまりにも無配慮に、短期間のうちに切り刻まれている。しかしながら、ここで「開発を止めろ、川を触るな、そうすれば万全だ」といった、のんきな思考で言っているのではない。そうした「昔は良かった」的ノスタルジーは人の感情に訴えるうえで重要ではあるが、現実的で生産的であるべき今後の環境問題を考慮する指針の基軸にはならない。

この変容は結果としての環境への善い悪いは別にして、人口増加や生活向上のために実施されてきたことであり、そのこと自体はそう簡単に批判や反対はできない。治水や利水という目的をもって河川は、変容され続けてきたのである。だから、この目的をも課題にして議論の土俵に乗せる必要があり、単に劣化した河川環境だけを維持保全するという論理は、ただちに限界を招くことになる

写真25a　自然への配慮を目的とした河川改修（三重県多度川）．しかし，施設の目的はほとんど果たしていないといえる．この川のこの辺りは，もともと流水が少ないにもかかわらず，河床を平坦にならしている．河川の個性を無視した工事である

写真25b　aの同地3年目のようす．河床には土砂が堆積し，かつ水がないため草地になり始めている．中央の人工島には，外来種であるセイダカアワダチソウが繁茂している

だろう。問題解決のためには原因にまで遡って、やや大義名分化しつつある目的のあり方をも議論対象としなければならない。

問題なのは、それがあまりにも自然のあり方を無視して進められていることだ（写真25ａ、ｂ）。しかも、自然のことを考慮した事業であっても、結局、自然を手本とせずに、人間の思惑や好みに依存して実施されているという始末だ。少々言い古されたことだが、この変容は必ず人間に害悪としてはね返ってくる。たとえ、それが自然を変えた私たち本人に直接跳ね返らないにしても、私たちの子供たちやより広範の自然物に影響を与えることになろう。規模が大きい例として、暗渠化による河川の水域面の減少は、特に大都市においてヒートアイランド現象としての温暖化を促進させるとも言われている。また、卑近な例で言えば、垂直コンクリート岸は落下しやすく、一旦落ちたら大人でさえ岸に這上がることが困難となる。こうした川はむしろ用水路と言うにふさわしい。では、落ちないように周囲に鉄条網やフェンスを張ろうということになる。さらにひどいと、上に蓋をしてしまえという意見がでてくる。それなら、子供も安全だ。それはそうだ。しかし、自然の多様性をもつはずの川を、こんな単一機能の下水道扱いで本当にいいのか。こんな環境は、子供たちから人間として生き物として、経験しなければいけない大事なことを奪っているのではないだろうか。素肌を浸せないような川を、私は川と呼びたくない。

自然との折り合い

まず、先に水がありきである。しかも、湧水が、である。次いでハリヨが定着し、最後に人が最後にやっ

写真26a　岐阜県池田町のハリヨ生息地（県天然記念物指定地の水系）．ハリヨの営巣を配慮した護岸改修（右側の岸に沿ってG型ブロック設置）によって，多くの営巣活動が認められるようになった．かつては鉄製矢板およびコンクリートの垂直護岸であった

写真26b　岐阜県池田町の教育委員会文化財審議会の定例現地調査．1983年より毎年8月に実施されている．地元の方の日常的な観察を聞き取りしながら，継続的に資料を蓄積している

てきた。その「よい水」を求めて人が定着し、集落を作ったのだろう。この西美濃の周辺では本来的には多くの湧水が自噴して、水源となって我々の飲料水を賄っていたのだ。

ここでハリヨの保全のために緊急的かつ将来的に何が重要で、何をするべきかのシナリオ作成にあたって二つの視点で少し整理しておこう。一つは、悪化した生息域の復元事業である（写真26 a）。いうまでもなく、ここでは、どのような物理環境の改善土木工事をしていけばよいかが問題となる。すなわち、それは「自然への配慮事業」ということになる。それでは自然への配慮のためには、どのようなことが必要であるのか。結論を述べれば、まず第一にすべきことは、複雑で多様な生態系の中でのハリヨの生活に対する理解を深めることに尽きる。つまり、ハリヨの保護とは、まずもって彼らの生活を理解し、彼らの生活にとって何が重要であるかを把握することである。

二つめとしては、その把握をした上で、それらの知見をいかに保全し、あるいは復元するように反映させることができるかということである。要するに「自然への配慮事業」とは工法や施工計画が先にあるのではなく、生態学的な調査とその成果を事業にいかに効果的に取り入れる仕組みであるといえよう。

ところで、「自然の保全」や「自然を復元する」といった際の〝自然〟とは、一体、何を指すのだろうか。保全や復元それ自体を考える前に、この「自然とは何か」という問いに少しでも触れておきたい。ここで保護・保全・復元をしなければならないという〝自然〟が意味する内容について若干でも議論をしておくことは、「自然への配慮事業」の目的を明確にしてシナリオをたてていく上で必要である。

普段、我々が使う自然という言葉の実際は、人の手が一切入っていない純然たる天然状態を意味していた

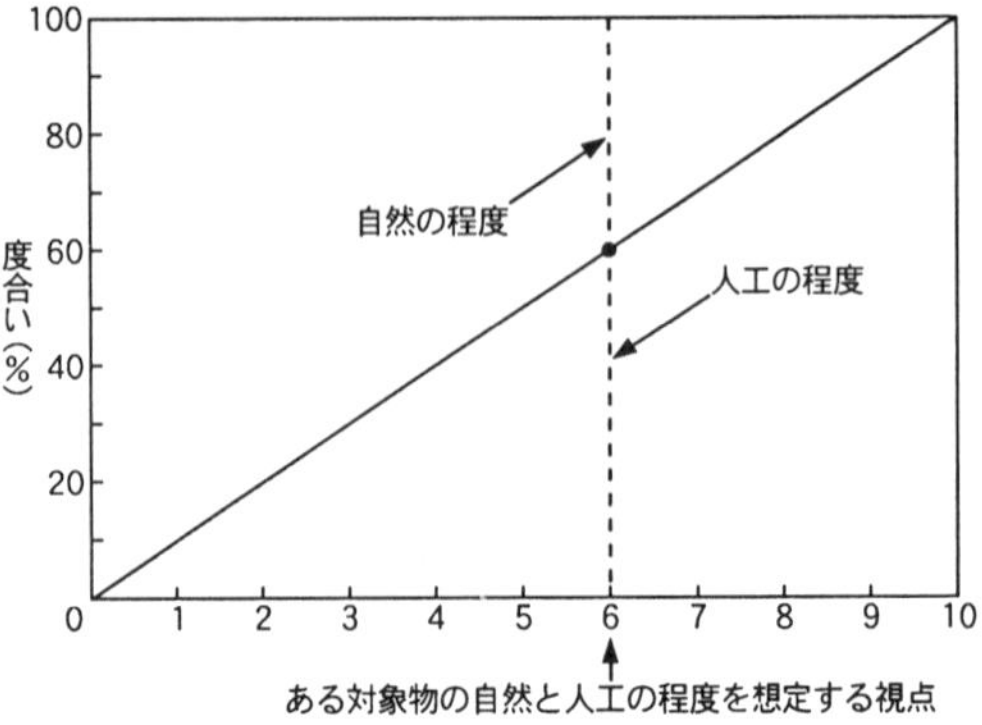

図47　「自然」という概念に対する自然と人工の割合を示す模式図．X軸の自然と人工の程度を想定する視点において，0は完全な天然状態の自然，10は完全な人工状態を示す

り、逆に、日本庭園や盆栽といった人工的な加工物の中に自然性を見出したりしていることが多い（図47）。つまり、原始自然から家の庭に並べた盆栽まで、私たちの自然へのイメージや視点は揺れ動いているものと言える。一般に私たちの日常生活の中で、自然という言葉は曖昧に使われ続けているのである。このことは、「自然への配慮事業」の際に、その対象において自然と人工の割合がどの程度あるのか、あるいは、どの程度の自然性を取り込むかことができるかをまず明確にした上で、その事業の目標設定を決めることを必然とする。

その目標設定を作成することが、「自然への配慮事業」の最初の作業である。同時に、その目標設定は、地域の意見交換を通じての合意形成をしなければならない作業、つまりは折り合いをつけることでもある（写真26b）。もちろん、この折り合いには、絶対的に譲れない根拠に基づく一線を画してでなければならない。ハリヨにとっては湧水が生命線である。したがって、この地域の水源である湧水の確保こそが最重要課題である。しかしながら、現状の淡水域は、治水目的として護岸と堰の建設などによる流量確保を主体とする河川管理がなされ、同時に、取水と排水の利水機能を最大限に発揮するよう管理され、その結果として淡水生物の生息環境は多くの場合、劣化している。しかも、これらを理由として湧水量自体の減少を招き、生息環境に深刻な状況をもたらしている。北方系で冷水性のハリヨの保護にとって、いかに湧水を確保することができるかが最大目的である。

こうした状況の中で、どのように湧水水源を確保することができるのか。人々の生活と環境保全は二者択一的に、今なお存在している。将来は、どちらかがいっぽうを取り込むことになればと思うが、いずれになっても、現状では相反的なこれらの二項事物の間で折り合いを見つけることが重要である。その水量は季節による増減があることはやむをえないにしても、これからは、様々な立場の方々（一般住民以外にも、漁業協同組合や土木建設行政、土木業者、コンサルタント）との合意形成を得るため、とりあえず河川管理者としての行政が事務局となって交流の場を作っていく必要があろう。

地域への展望

ハリヨの生息地である湧水湿地は常に人間にとって無意味な土地と映るらしい（写真27）。そういった場所こそが本来的なハリヨの生息環境であり、その地域の典型的な自然を示しているのだが。岐阜県でも滋賀県でも、生息地は埋め立てられて、この世から消滅していく。この埋め立ては湧水の枯渇・減少と並んで、ハリヨ絶滅危惧への最大の直接的理由である。湧水問題は地下水脈や山林など、その現場だけでない広範性が認められるが、埋め立て問題はまったくもって、その湧水地とハリヨをどうするかという現場の問題である。

私は一九八〇年代初頭より、各地の地域住民を対象に、ハリヨが生息している意義の周知活動（講演、広

写真27　滋賀県のあるハリヨ生息地．湧水が湧き出し池と小川を作っている．写真上部は湿地の埋め立てが始まっている

写真28　岐阜県伊自良村の『ハリヨ公園』の生息池．ヘドロや腐食したアオミドロが底に多く堆積していたため，地元住民や小学生が総出で池掃除をしている．現在の視点からでは施設としての改善すべき点があるが，地域の方々によって常時，見守られている

報、教育の場など）を継続的に実施している。最初のころ、ある役所を訪ねた際には、学生運動家と間違えられて追い出されたこともあった。たぶん、こちらも思いつめた顔をして、何かやらかしそうな雰囲気をもっていたのかもしれない。もちろん、そんなことにはめげずに、辻説法めいたことも多々行ってきた。これはしだいに浸透してきているという印象を、自己満足以上には持つことができるようにもなっている。

またいっぽうで、こうした周知活動と同時に、地元住民による体制作りや規範整備が必要である（写真28）。これは何もハリヨのことだけを話題にするものではなくて、いわば、「まちづくり」の方向性を話し合う意見交換の場を意味する。すなわち、学術性、地域特性、希少性としての価値が高く、しかも湧水という水環境のシンボルとしての意味をもつハリヨを、ここで題材としない手はないだろうということである。当面は、行政内に窓口もしくは事務局を置いて、地域住民を含む会合の場を立ち上げることが肝要であろう。この保全活動のスタンスは、その地域の人が自己の故郷を知ること、郷土学習をすることに他ならない。郷土への理解なくしては、郷土への思い入れも生起しないだろう。

また、他のハリヨ生息地の行政的対応や地域活動の実態を把握することも必要であろう。そこには問題点の共通性や独自性があり、参考とすべき解決策を見出すことができるだろう。例えば、ハリヨの近縁でかつ生息地がもっとも近いトゲウオ類のイトヨが生息する福井県大野市では、本願清水《ほんがんしょうず》という生息池が国の天然記念物指定地にされている（写真29ａ、ｂ）。一九九七年から、文化庁と県・市の事業で保全対策が練られている。同市のイトヨの生態、湧水状況などの調査をもとに、一九九九年から生息地の池の抜本的改修が始まり、かつ二〇〇一年七月には『本願清水イトヨの里』（http//www.itoyo.net/）が池に隣接して開設された（写

写真29a　福井県大野市本願清水のイトヨ生息地（国指定天然記念物）．保護措置はとられていたが，慢性的な湧水枯渇の状態が続いていた．奥のプールにだけ水が溜まっている

写真29b　2001年7月に完成した大野市本願清水の整備事業．湧水量はほぼ支障なく確保できている

写真30　雪の中の『イトヨの里』

真30）。本施設は、地域環境保全のためのセンターとしての役割をもっている。これを基点にして、今後の活動へのストーリーを住民間で意識化していきたいと思っている。

〝いのち〟の水

地球上に生命が誕生したとき、水があった。いや、むしろ生命の誕生には水が必要であったというべきだろう。三十数億年前のできごとである。地上にいるすべての生き物はその出現以来、絶え間なく水の恩恵を受けてきた。これらの歴史からみると、ほんの瞬間の歴史をもつに過ぎない人類もまた、水と出会い、そこを中心に生活し集落を作り、文化や文明を興した。

わが国には極めて幸運なことに豊かな水がある。しかも美しくて、おいしい。これは単に降水量が多い気候帯に位置しているというだけでなく、森林で被われている山々のあるおかげでもある（写真31）。山に木があるこ

写真31　緑多き養老山地と湧水湿地

とを当然と思ってはならない。岩だらけの山が普通である国もある。わが国において山は七割を占め、森林も同様の割合を示すだろう。山森の〝出会い〟によって、それは天然の、しかも巨大な貯水槽であり濾過装置になっている。緑豊かな木々の間を縫うように流れる水圏の体系は、わが国土の大きな特徴だ。このことは覚えていていい。

山林の斜面を伏流してきた水が集まるところに、ハリヨは生息する。これまでも述べてきたように、ハリヨを守ることは森や水を守ることに等しい。同じように、これらを守ることは人間の生存にも根源的に関与していると思われる。水も木も我々に多大な利益をもたらしている。いや、利益なんてものではなくて、〝いのち〟そのものを与えてくれているのだ。だが、今、我々はこのことを忘れ過ぎてはいないだろうか。

ハリヨも、木も、水も、人間が作り出したものではない。むしろ、それらによって人間自体が創造されたというべきなのである。だから、それらは一度失うと、取り返すことができない。失ったとき、人間の内なる何ものかも、また失うのではないだろうか。しかし、人間は本来、より多くのものを、それらとの〝出会い〟の中から獲得してきた生き物であるはずだろう。これからも、そうあり続けることを願う。

あとがき――ハリヨの〝まなざし〟から

本書で、私は生物個体が生きていくさまざまな場面にある〝出会い〟という現象を、ハリヨの〝まなざし〟を通した視点でとらえたいと思った。もちろん、ここで語っているほとんどはハリヨやトゲウオ類のことばかりだけれども、彼らの日常生活に感情移入をしながら感得できる〝まなざし〟をいかに多くの方々に共有していただけるかを第一義的に考えた。つまり、ここでいう〝まなざし〟というのは、ハリヨという小魚の生活史を、生物学の一分野であるエソロジーからの知見を中心にして、できるだけそこから得られる視点に沿って生物現象を見ようという視点を意味する。

その〝まなざし〟をもって私は、〝出会い〟が〝関係〟になっていく過程を追跡した。〝関係〟は瞬間的な二者（以上）間の〝出会い〟によってまず始まり、一定の時間の経過によって形成される。その構成員の個体性に加えて、個体間が共有する時間の経過と空間的な位置の近遠や、それを取り巻く諸々の環境によって、それぞれの個体間の〝関係〟が多様に形成されていく。それはハリヨも人も同じである。ここで主に、私とハリヨとの〝出会い〟を想い出風に語りながらトゲウオ学を紹介し、ハリヨの個体同士で認められる〝出会い〟を行動学的に解説した。さらに研究をしていく中で、私の周囲で生じた印象深いできごとそれぞれを取り上げた。それらの内容は、一応どれもそれ自身で完結していながら、いずれも互いに関連している。

特に、わが国ではあまり顧みられていないエソロジーの問題設定を確認し、この分野の今後の展望の一端を論じることができたのではないかと思う。そのあたりを、つまり、ローレンツやティンバーゲンらが問題にしてきたエソロジーのエソロジーたる由縁を、私はこの十数年の間、語りたいと思ってきた。ここでは、それを充分に示すことはできなかったけれども、また、私にその議論が発展的に展開できる保証もないけれども、行動をいかに把握するか、という大問題の周辺にある、さまざまな小問題についての確認作業になったのではないかと位置づけている。これからも私はこうした小問題を、折あるごとに語り続けようと思う。

私はすべての個体の生活過程や個体間関係のネットワーク、関係形成の要因などを把握して、個体の行動を予測し方向づける独裁者、あるいは傲慢に言えば、神のようなすべてが見渡せる立場に立ちたいという衝動にかられることがある。むろん、そのようなことは不可能なことだし、そういう問題設定も無意味とはわかっている。ただ、ある俯瞰できる範囲の、社会学的な意味でいえば小集団の中でなら幾分は理解できるのでは、という幻想を抱いている。〝出会い〟とそこから生じ変化する関係の過程を示すことを主題とした本書は、私にとってこの幻想をさらに展開していくための始まりと位置づけている。エソロジーが切り開いた課題を社会学的に展開すべく、これまでの時流の中で位置づけられた話として、何となくであれ読み取られることを望むばかりである。

最後に、いつも心暖かい励ましと的確なご教示をいただき、今回、序文をも寄せていただいた水野信彦先生に感謝を申し上げる。また、いくつかの決定的瞬間の写真を提供いただいた内山りゅう・徳田幸憲両氏のひとかたならぬご厚意に感謝したい。最後に、いろいろご面倒をおかけした編集者の塩坂比奈子さんにお礼を述べたい。

二一世紀最初の年末、養老山麓の自宅にて

ナ行

ハ行

マ行

ヤ行

ラ行

ワ行

サ行

タ行

索　引

※主に専門用語と生物名を取り上げ，内容説明があるページを示した．

ア行

カ行

著者紹介

森　誠一（もり・せいいち）

1956年，三重県生まれ．現在，岐阜経済大学コミュニティ福祉政策学科・助教授．理学博士．

トゲウオを題材に，その生態学と行動学を中心に研究活動を進めてきた．特に，進化学と社会行動学に関する何らかの展開を試みようとしており，最近は様々な分野（組織・内分泌学，分子生物学，システム工学など）かつ，アメリカ・カナダの研究者との共同研究を推進している．同時に，科学性を踏まえた保全活動を地域との合意を模索しながら実践している．これまでもこれからも，各地で「辻説法」しながら，地域環境を活かした形の保全シナリオを説いて回ることにしている．

主な著書に，『トゲウオのいる川－淡水の生態系を守る』（中公新書，1997年），『淡水生物の保全生態学－復元生態学に向けて』（編著，信山社サイテック，1999年），『環境保全学の理論と実践Ⅰ・Ⅱ』（監修，信山社出版，2000・2002年）などがある．

イラスト／川島逸郎（p.25, 42, 52, 166）

トゲウオ、出会いのエソロジー
行動学から社会学へ

2002年11月20日　初版第1刷

著　　者　森　誠一
発 行 者　上條　宰
発 行 所　株式会社 地人書館
〒162-0835 東京都新宿区中町15
TEL 03-3235-4422　FAX 03-3235-8984
URL http://www.chijinshokan.co.jp
E-mail KYY02177@nifty.ne.jp
郵便振替口座　00160-6-1532
編集制作　石田　智
印 刷 所　平河工業社
製 本 所　カナメブックス

ISBN4-8052-0714-0 C3045